아무리 노력해도 풀리지 않는 피로와 나른함의 정체

만성 피로를 치료하는 책

의사·의학박사 **홋타 오사무** 지음

정한뉘 옮김

시그마북스
Sigma Books

오랫동안 풀리지 않는 나른함,
혹시 이런 증상도 같이
겪고 있지는 않으신가요?

☐ 불안함

☐ 허리가 시큰거림·요통

☐ 힘이 쑥 빠짐 / 보행 장애

☐ 눈부심(빛을 보면 아픔)

☐ 미열

☐ 인두통 또는 인두에 위화감

☐ 기침

☐ 복통·설사

☐ 귀울림

☐ 눈 안쪽의 통증

☐ 숨 가쁨

☐ 두근거림

만약 그렇다면
책에서 소개할
<u>만성 피로</u>일지도 모릅니다

☐ 피로 / 쉽게 피곤해짐

☐ 집중력·사고력 저하 / 브레인 포그

☐ 불면증

☐ 두통

☐ 우울

☐ 현기증 / 기립성 어지럼증

☐ 아침에 일어나기 힘듦

☐ 관절통

☐ 머리와 목의 통증

☐ 기력 저하 / 무기력증

☐ 코 막힘을 비롯한 코 관련 증상

만성 피로는
뇌와 미주신경의
염증 때문에 생긴
<u>질환</u>입니다.

만성 피로

기능 장애

↑

뇌의 염증

↑

미주신경의 염증

질환의
원인을 파악하고
적절하게 대처하면
피로와 나른함이
확실하게 좋아집니다.

만성 피로의 직접적인
원인은 뇌의 염증,
미주신경의 염증이지만,
근본적인 원인은 코 안쪽에 있는
코인두의 만성적인 염증,
즉, 만성 코인두염입니다.

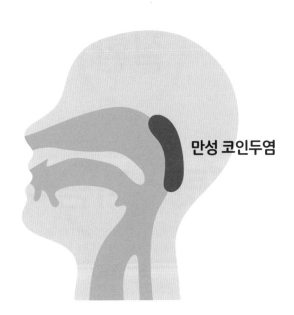

만성 코인두염

만성 피로는
만성 코인두염이 심해지면서
미주신경과 뇌에 염증이 생겨
나타나는 것으로 추정됩니다.

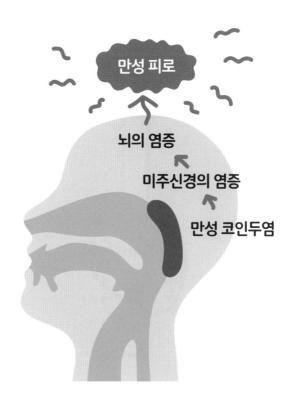

만성 피로

뇌의 염증

미주신경의 염증

만성 코인두염

만성 코인두염을 치료하는
가장 좋은 방법은
코인두 찰과 치료(EAT)
입니다.

매우 아프지만,
그만큼 효과적입니다.

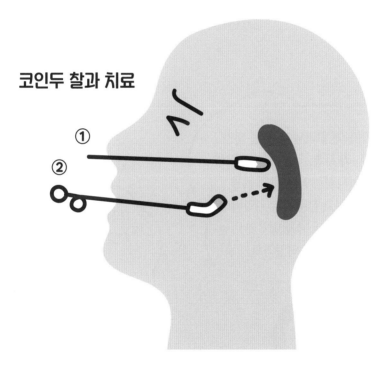

코인두 찰과 치료

① 0.5~1%의 염화 아연 용액을 묻힌 면봉을
   코로 집어넣어 문지른다.

② 입으로도 집어넣어 문지른다.

EAT를 받고
많은 환자가
피로와 나른함에서
벗어났습니다.

아침에 일어날 때 힘들 뿐만 아니라 두통, 두근거림, 기립성 어지럼증, 나른함이 몸을 괴롭혔고 집중력과 기억력도 떨어졌는데 다시 학교에 다닐 수 있게 되었어요.

18세 여성

나른함, 숨 가쁨, 피로, 집중력 저하, 무기력증이 완치되었습니다.

45세 남성

코로나 후유증이 사라져 업무에 복귀했어요.

28세 남성

백신 후유증이 나아 직장에 돌아왔어요.

32세 여성

우울, 나른함, 불안이 나으면서 긍정적으로 생활할 수 있게 되었습니다.

66세 여성

기립성 조절 장애, 두통, 복통 때문에 학교에 못 나갔는데, 지망 고등학교에 붙었어요.

14세 남성

EAT와 병행해서
시너지를 내는
치료도 있습니다.

코 세척 → p.113

코인두 세척 → p.117

카니유데 체조 → p.120

입막음 테이프 → p.125

찜질 → p.128

소금물 요법
천일염 → p.178

일상에서 셀프 케어로 실천하거나,
EAT의 효과가 부족한 것 같을 때
추천하는 방법입니다.

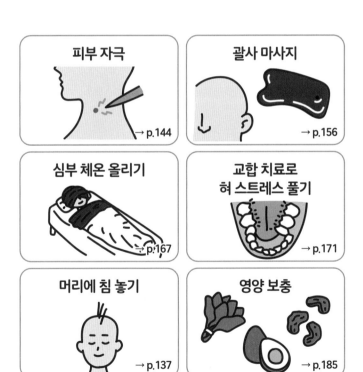

피부 자극

→ p.144

괄사 마사지

→ p.156

심부 체온 올리기

→ p.167

교합 치료로
혀 스트레스 풀기

→ p.171

머리에 침 놓기

→ p.137

영양 보충

→ p.185

만성 피로는
뇌와 미주신경의 염증으로
기능에 이상이 생긴 세포가 회복되면
무조건 낫는 질환입니다.

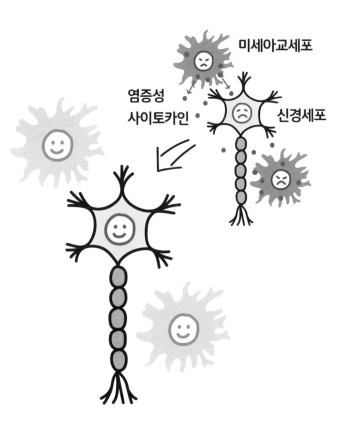

미세아교세포

염증성
사이토카인

신경세포

포기하지 않고 방법을 찾으면
반드시 회복할 수 있습니다.
회복에 도움이 되는
사고방식도 소개합니다.

만성 피로에서 벗어나
건강한 하루하루를
되찾길 바랍니다.

※ 만성 피로 증후군 환자는 종종 문자를 읽는 행위 자체에 피로를 느낍니다. 만약 피로를 느끼신다면 책 내용을 요약한 컬러 페이지와 치료와 셀프 케어를 설명한 제2장부터 읽고 실천해 보시길 바랍니다. 만성 피로의 원인을 설명한 제1장, 만성 피로에서 해방된 환자의 사례를 정리한 제3장은 그다음에 읽으면 됩니다.

일러두기

- 이 책의 정보와 조언의 사용 또는 오용으로 인한 직간접적 손실, 부상, 손해에 대해 발행인과 저자는 어떤 책임도 지지 않습니다.
- 치료가 필요한 질환이나 지병이 있으신 분들은 의사와 먼저 상담해보길 권장합니다.

들어가며

● 오랫동안 풀리지 않는 피로의 원인은 뇌의 염증

이 책을 펼치신 여러분 본인이, 혹은 가족분이 **피로나 나른함**으로 고민하고 있지는 않으신가요?

우리나라에도 **만성 피로 증후군**으로 고생하는 사람이 많습니다. 만성 피로 증후군에 걸리면 **정상적인 생활을 할 수 없을 만큼 몸이 나른해지며,** 아무리 쉬어도 회복되지 않는 만성 피로가 6개월 이상 이어집니다.

만성 피로 증후군으로 진단받지 않았더라도 만성적인 피로와 나른함에 시달리는 사람, 또는 직장이나 가정에서 인간관계로 사소한 스트레스를 받거나 가벼운 작업만 해도 심한 피로를 느끼는 탓에 일상에서 불편을 겪는 사람도 종종 찾아볼 수 있습니다.

2020년 코로나바이러스-19 감염증(COVID-19, 이하 코로나19) 범유행이 시작된 지 얼마 안 되어 바이러스에 감염되고 **오랫동안 몸이 회복되지 않는 '코로나 후유증'**이 수면 위로 떠올랐습니다.

피로와 나른함은 코로나 후유증의 가장 흔한 증상입니다. 미각 장애와 후각 장애는 일반적인 만성 피로 증후군에서 거의 나타나지 않지요. 하지만 만성 피로 증후군이 코로나 후유증의 대표 증상이라는 견해도 있습니다.

몇 년 전까지만 해도 만성 피로 증후군은 의학계에서 중요하게 다루어지지 않았습니다. 그러나 코로나 후유증이 전 세계에서 심각한 문제로 부상하면서 만성 피로에 관한 연구도 단숨에 진전되었습니다. 그 덕에 뇌의 염증이 피로의 원인으로 밝혀졌습니다.

● 만성 피로에 효과적인 코인두 찰과 치료

저는 코로나19 범유행 전부터 내과 진료를 보며 만성 피로 증후군 환자 중 중증 **만성 코인두염**을 앓는 환자의 비율이 높다는 사실을 깨달았습니다. 그래서 만성 코인두염에 효과적인 **코인두 찰**

과 치료(Epipharyngeal abrasive therapy, EAT)를 만성 피로 증후군 진료에 도입했습니다.

만성 코인두염이란 코 안쪽 부위인 코인두에 생기는 만성 염증입니다. 저는 이 만성 코인두염이 몸의 여러 이상과 밀접한 관련이 있다고 생각했고 계속 주목해 왔습니다.

제 전공과목은 신장내과입니다. 처음부터 만성 피로와 나른함을 호소하며 제 병원에 오는 환자는 없습니다. 다들 대학 병원에서 뇌 MRI 검사를 받아도 이상이 발견되지 않고, 정신건강의학과에서 다양한 치료를 받아 봐도 몸이 나아지지 않자 인터넷에서 조사해 본 뒤에 지푸라기라도 잡는 심정으로 마지막에 찾지요.

뒤에서 자세히 설명하겠지만, EAT는 약물에 적신 면봉으로 코인두를 문지르는 간단한 치료로, 염증이 있으면 통증이 뒤따릅니다. 만성 피로 증후군 환자는 대부분 통증에 민감하기에 염증이 어느 정도 진정되기까지는 치료를 받으면서 고통스러워합니다. 하지만 그렇다고 EAT를 중단하는 환자는 거의 없습니다.

왜냐하면, 치료할 때는 아파도 여러 차례 치료를 받는 동안 그전까

지 자신을 괴롭혔던 증상이 눈에 띄게 좋아지는 걸 체감하고 EAT에서 희망을 찾기 때문입니다.

2011년 9월 개업한 뒤로 12년 동안 4000명의 만성 코인두염 환자가 제게 EAT를 받았습니다. 사람마다 차이는 있지만, 만성 코인두염 환자의 약 3분의 1이 만성적인 피로와 나른함을 호소합니다.

그리고 **꾸준히 EAT를 받으면서 피로와 나른함에서 벗어난 환자는 그중 80%에 달합니다.** 이러한 임상 경험을 통해 저는 EAT가 만성 피로에 효과적인 치료라고 확신했습니다.

EAT는 미주신경을 자극해서 염증을 억제하는 원리를 이용합니다. 이는 뇌의 염증이 원인으로 발생한 만성 피로 증상의 개선과 관련 있을 거라고 추정합니다. 최근 코로나 후유증을 비롯한 만성 피로 증후군 증상의 원인이 밝혀지고 있으며, 이러한 증상에 EAT가 효과적임을 시사하는 임상 연구 논문도 차례차례 보고되고 있습니다(참고문헌 1, 2, 3).

19세 고등학생 A 양은 코로나19에 감염되기 전까지는 중학교, 고등학교 모두 육상부에서 활약했습니다. 그러나 1년 전 코로나19

에 걸린 뒤로 아침에 일어나기 힘들어졌을 뿐만 아니라 두통, 기립성 어지럼증, 두근거림, 나른함, 집중력과 기억력 저하 증상이 나타났습니다. 집에서 누워 있는 날이 많아진 A 양은 결국 도저히 학교에 갈 수 없는 상태에 이르렀습니다. 소아청소년과와 신경과에서 MRI를 비롯한 각종 검사를 받아 봐도 이상은 발견되지 않았고, 약을 바꾸어가며 투여해도 증상은 전혀 개선되지 않았습니다. 그러던 와중 신문 기사를 읽은 아버지의 권유로 A 양은 제 병원을 찾았습니다.

첫 번째 EAT에서 면봉을 코에 넣자 피가 많이 나왔고, 검사 결과 심각한 만성 코인두염이 발견되었습니다. 너무나도 아팠던 나머지 A 양은 치료 직후 울음을 터뜨리고 말았습니다. 치료의 고통 때문에 EAT가 트라우마로 자리 잡지 않도록 A 양을 설득해서 상대적으로 더 아픈 입 대신 코로만 EAT를 하기로 했습니다. 첫 치료는 매우 아팠지만, 여태 무엇보다 자신을 괴롭혔던 두통이 EAT를 받고 사라졌음을 느낀 A 양은 두 번째 치료를 받으러 **웃는 얼굴로 병원을 찾았습니다**. 아침에 일어나기 힘든 증상과 기립성 어지럼증, 나른함 등도 꾸준히 EAT를 받으면서 나아졌고, **다섯 번째 치료**

를 받은 뒤로 다시 학교에 갈 수 있게 되었습니다.

수험생이었던 A 양은 고등학교에 다니면서도 계속 EAT를 받았습니다. EAT를 받으면서 집중력이 높아졌고 기억력도 좋아졌다고 느꼈기 때문입니다. 한때는 코로나 후유증 때문에 학교에 갈 수조차 없을 만큼 몸이 안 좋았지만, **지망 대학에 합격하면서 A 양의 치료는 끝났습니다.**

● '80%의 벽'을 넘기 위해

만성 피로와 나른함을 호소하는 환자 중 약 80%는 A 양처럼 EAT를 받고 일상을 되찾지만, 안타깝게도 20%는 EAT를 받고 증상이 약간은 호전되지만, 여전히 일상에 지장이 있는 수준의 피로와 나른함에 시달립니다. 저는 이를 '80%의 벽'이라고 부릅니다.

2018년에 간행된 제 저서 『つらい不調が続いたら慢性上咽頭炎を治しなさい(푹 쉬어도 피곤하다면 만성 코인두염을 치료하라)』가 감사하게도 많은 독자분에게 사랑받았습니다. 2019년에는 일본 구강·인두과학회에 코인두 찰과 치료 검토 위원회가 창설되었으며 2020

년부터 코로나 후유증 문제가 대두된 끝에 현재 EAT는 일본에서 전국적인 관심을 받게 되었습니다.

EAT는 분명 효과적인 치료이지만, 만성 피로와 나른함으로 괴로워하는 환자를 진료하는 의사로서 제게 80%의 벽은 넘어야 할 난관입니다. 80%의 벽을 넘기 위해 저는 EAT의 개선 효과가 저조한 환자에게 EAT와 다양한 치료법을 병용하는 시도를 해 왔습니다.

45세 회사원 B 씨는 2020년 초 코로나19 범유행이 시작되기 전에 원인 불명의 감기로 꼬박 일주일을 앓아누웠습니다. 쾌유한 B 씨는 회사에 복귀했지만, 일주일 뒤 근무 도중 극심한 나른함과 숨 가쁨을 느꼈으며 그 뒤로도 나른함은 사라지지 않았고, 작업이 끝나면 엄청난 피로감까지 뒤따랐습니다.

그뿐만 아니라 머리에 안개가 낀 것처럼 일에 집중할 수 없는 브레인 포그 증상까지 나타난데다 무기력증이 심해지는 바람에 끝내 직장에 다닐 수조차 없게 되어 휴직 신청을 냈습니다.

몸이 나빠진 원인을 찾기 위해 의료 기관 다섯 곳에서 각종 검사를 받아도 이상은 발견되지 않았고, 최종적으로 만성 피로 증후군이라는 진단을 받았습니다. 주치의는 한약을 비롯해 다양한 약을 처방했으나 B 씨의 몸은 나아지지 않았습니다. 책을 읽고 EAT를 알게 된 B 씨는 여섯 번째로 제 병원을 찾았습니다.

진료실에 들어선 B 씨는 혼자서 천천히 걸을 수는 있었지만, 주차장에서 진료실까지 이동하는 게 고작이었습니다.

진찰 결과 중증 만성 코인두염이 발견되었고, EAT 도중 피도 많이 나왔습니다. B 씨는 이렇게 피가 많이 나고 아픈 줄 몰랐다며 놀랐지만, EAT를 받자마자 브레인 포그가 나아졌다고 느꼈습니다.

EAT의 효과를 실감한 B 씨는 희망을 품었고, 일주일에 한 번씩 EAT를 받기로 했습니다. 나른함과 피로감 역시 치료를 받으면서 서서히 사라졌습니다.

하지만 부부싸움을 하거나 상태가 좋은 날 산책하러 나가는 등 사소한 계기로 두근거림과 나른함과 피로가 갑작스레 도지는 일이 이따금 생겼습니다.

그래서 1년이 지나고부터는 EAT와 함께 뾰족한 금속 막대로 머리와 목을 찌르는 **따끔따끔 요법**을 시작했습니다. 그리고 천일염을 녹인 소금물을 마시는 **소금물 요법**도 병행할 것을 B 씨에게 권했습니다.

그 결과, 증상이 심해지는 빈도가 줄었으며 증상 자체도 매우 호전되었습니다. 그리고 EAT를 시작한 지 1년 반이 지나 마침내 B 씨의 만성 피로 증후군은 **완치되었습니다**.

이 책에서는 **EAT와 함께 위 사례처럼 만성 피로에 효과가 있는 여러 치료와 셀프 케어**의 메커니즘과 구체적인 방법을 해설하고자 합니다. 이 방법들을 잘 활용하면 **EAT와 시너지 효과가 나므로 '80%의 벽'을 넘을 수 있다**고 저는 생각합니다.

이 책이 여러분이 **만성 피로에서 해방되는 계기**가 된다면 저자로서 더할 나위 없이 기쁘겠습니다.

의사·의학박사 홋타 오사무

차례

제3장 —————
고통스러운 만성 피로에서 해방된 사람들

제 1 장

아무리 노력해도
풀리지 않는
만성 피로의 정체

만성 피로를 부르는 코로나 증후군

● 코로나19 범유행의 불행한 부산물

전 세계에서 코로나19가 기승을 부렸는데요. 새로운 변이 바이러스가 유행할 때마다 확진자 수는 증가했지만, 바이러스 감염에 따른 폐렴의 중증화율(확진자 중 위중증 환자와 사망자의 비율-옮긴이)은 점차 감소했습니다.

2020년 코로나19 범유행이 시작된 뒤로 불행히도 유행의 부산물로 두 가지 심각한 현상이 나타났습니다.

첫 번째는 언론에서는 많이 다루지 않았지만, 사망자 수가 일정 기간 통상 수준보다 얼마나 늘었는지를 나타내는 초과 사망자 수가 2021년부터 전 세계에서 두드러지게 증가했습니다. 이초과 사망자 수는 코로나19로 사망한 환자 수를 크게 웃돌았는데요. 일본에서 2022년 한 해 동안 발생한 초과 사망자 수는 11

만 3000명, 코로나19로 사망한 환자 수는 3만 9000명이었습니다. 코로나 사태 당시 실시했던 사회적 거리 두기나 백신 접종의 영향일 가능성을 지적하는 목소리도 있지만, 정확한 원인은 아직 밝혀지지 않았습니다.

그리고 두 번째는 **만성 코로나19 증후군(long COVID)**, 즉 **코로나 후유증**입니다. 코로나바이러스에 감염되어 생긴 감기 증상이 나은 지 1년이 넘었는데도 완전히 회복되지 않은 환자가 코로나19 확진자의 20%를 차지한다는 조사 결과도 있습니다. 코로나 후유증은 언론에서도 자주 다룰 정도로 전 세계의 이목이 쏠린 현상입니다. 대표 증상은 **나른함, 피로, 현기증, 브레인 포그(머릿속에 안개가 낀 것처럼 멍해져 집중력과 기억력이 저하되는 증상), 두통** 등으로, 이전부터 잘 알려진 만성 피로 증후군의 증상과 매우 유사합니다.

● 코로나 후유증의 원인은 미주신경의 염증

전 세계의 연구자들이 코로나 후유증에 주목했고, 선진국에서는 코로나 후유증의 메커니즘을 규명하기 위해 막대한 예산을 들인 결과 불과 수년 만에 상당히 많은 연구가 이루어졌습니다.

그리고 코로나 후유증의 핵심 증상인 피로의 원인이 **뇌의 염증**이라는 사실이 지금까지의 연구로 밝혀졌습니다. 이 뇌의 염증을 비롯한 코로나 후유증이 나타나는 메커니즘의 주요 원인은 다음과 같습니다(참고문헌 4).

① **바이러스의 지속 감염**(급성기 증상이 호전된 뒤에도 소량의 바이러스가 몸속에 머무는 현상-옮긴이)

② **장내 미생물 환경의 이상**

③ **자가면역 메커니즘 유도**(자기 몸의 세포를 공격하는 항체가 만들어지는 현상)

④ **미세혈전 형성**(가느다란 혈관에서 작은 혈전이 만들어지는 현상)

⑤ **미주신경의 이상**(염증)

이 중에서 제가 많은 환자를 진찰하며 코로나 후유증의 핵심으로 느낀 원인은 바이러스 감염에 따른 **미주신경의 염증**입니다. 실제로 코로나 후유증을 앓는 환자들을 대상으로 초음파 검사를 하면 염증 때문에 목의 미주신경이 부어 있습니다(참고문헌 5).

미주신경은 온몸에 분포하며 자율신경 중 부교감신경의 약

80%를 차지하는 중요한 신경입니다. 그런 미주신경에 염증이 생기면 부교감신경과 교감신경의 균형이 무너지면서 몸에 온갖 이상이 생깁니다.

미주신경은 부교감신경을 통해 호흡, 심장 박동, 소화관 운동 등에 관여하므로 염증이 생기면 **호흡 곤란, 두근거림, 더부룩함, 설사, 변비, 복통** 등의 증상이 나타납니다.

그리고 연수의 고립로핵으로 이어지는 구심성 미주신경에 염증이 생기면 연수부터 대뇌의 시상하부와 둘레계통에까지 염증이 퍼지고, 뇌에 염증이 생기면 **현기증 같은 자율신경계 이상**뿐만 아니라 **두통, 나른함, 피로, 집중력 저하, 기억력 저하** 등의 신체 증상이 나타납니다.

● 우울과 피로의 원인 역시 뇌의 염증

코로나19 범유행 전에도 이미 뇌의 염증이 우울의 원인이라는 설이 있었는데, 코로나 후유증 연구로 뇌의 염증이 우울과 피로의 원인일 가능성이 크다는 사실이 판명되었습니다.

그러나 뇌에 염증이 생겼다고 코로나바이러스가 뇌에서 증식

한다는 뜻은 아닙니다.

뇌에는 신경세포(뉴런)와 신경아교세포라는 두 종류의 세포가 있는데, 신경아교세포가 신경세포의 10배 이상 많습니다.

뇌의 주인공은 신경세포이지만, 신경세포의 작용을 돕는 신경아교세포도 뇌의 환경을 유지하는 데 중요한 역할을 합니다. 그리고 신경아교세포는 신경세포를 뒷받침할 뿐만 아니라 신경 전달과 혈류 조절 같은 뇌 기능에도 직접 관여한다는 사실이 최근 연구로 밝혀졌습니다.

신경아교세포에는 여러 종류가 있는데, 뇌에서 일어나는 신경 전달의 이상을 항상 감시하는 면역 세포인 미세아교세포도 그중 하나입니다. 발생학적으로 보면 미세아교세포는 면역세포인 대식세포처럼 중배엽에서 만들어지며, 미세아교세포가 아닌 신경아교세포는 신경세포와 마찬가지로 외배엽에서 만들어집니다.

염증이라고 하면 보통 호중구와 림프구 같은 백혈구가 혈관 밖으로 빠져나와 세포를 파괴하는 이미지를 떠올리기 마련입니다. 하지만 우울과 피로의 원인인 뇌의 염증은 신경세포 자체에 생긴 염증이 아니라, 뇌의 면역 세포인 미세아교세포가 신경세포

주변에서 활성화해 TNF-α, IL-6 같은 염증성 사이토카인(면역 반응에 관여하는 신호 전달 단백질-옮긴이)과 활성산소를 방출하는 상태를 가리킵니다.

즉, 우울과 피로를 일으키는 뇌의 염증이란 활성화한 미세아교세포가 염증을 일으킴으로써 신경세포를 둘러싼 환경에 이변이 생겨 신경세포가 제 기능을 하지 못하게 된 상태입니다.

'뇌의 염증'이라 해도 일본뇌염처럼 뇌 신경세포 자체가 염증으로 변성되거나 괴사하는 증상이 아니므로 **신경세포의 환경이 개선되면 신경세포의 기능 이상도 회복됩니다.** 이는 코로나 후유증으로 걸을 수조차 없었던 환자가 코인두 찰과 치료(EAT)를 받고 신경학적 장애가 흔적도 없이 완치된 사례로도 증명할 수 있습니다.

● 미주신경

코로나19에 감염되어 생긴 염증이 미주신경이라는 도화선을 타고 연수의 고립로핵에 도달하면 뇌에 염증을 일으킨다고 앞에서 설명했는데요.

여기서 핵심은 미주신경입니다. 전문적인 내용이 될 테니 어려

코로나 후유증의 원인은 뇌의 염증

코로나바이러스-19
감염

✚

만성 코인두염

⬇

구심성 미주신경·
혀인두신경의 염증

⬇

뇌
미세아교세포의
염증

⬇

대뇌 둘레계통과
시상하부의
기능 이상

⬇

코로나 후유증

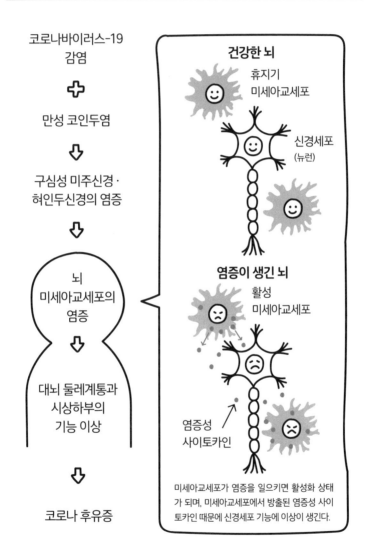

건강한 뇌

휴지기
미세아교세포

신경세포
(뉴런)

염증이 생긴 뇌

활성
미세아교세포

염증성
사이토카인

미세아교세포가 염증을 일으키면 활성화 상태
가 되며, 미세아교세포에서 방출된 염증성 사이
토카인 때문에 신경세포 기능에 이상이 생긴다.

우신 분들은 다음 장으로 페이지를 넘기셔도 괜찮습니다.

　미주신경은 열두 쌍의 뇌신경 중 열 번째 뇌신경으로, 주로 부교감신경으로 작용합니다. 뇌줄기 아래쪽에 있는 연수에서 뻗어 나와 머리뼈 안쪽뿐만 아니라 목정맥구멍을 통해 머리뼈를 빠져나온 다음 식도를 따라 갈라져 나오는 미주신경은, 흉강으로 들어와 그 안에 있는 심장과 기관지로 가지를 뻗습니다. 혹은 다시 위로 올라가 입과 목 안쪽의 여러 근육과 성대로 가지를 뻗는 되돌이후두신경으로 분기해서 식도구멍을 지나 복강으로도 들어갑니다. 그리고 위, 샘창자, 가로잘록창자, 나아가 간과 콩팥 등 복강 내 장기에도 분포합니다.

　이 미주신경은 바깥귀의 감각과 인두 일부, 후두의 감각은 물론, 소리를 낼 때 쓰는 근육과 무언가를 삼킬 때 쓰는 근육의 운동에도 관여합니다. 그리고 또 한 가지 중요한 역할이 있는데, 바로 머리뼈에서 나와 배까지 뻗어 부교감신경으로 작용합니다.

　구체적으로 가슴에서는 심박수를 낮추고 기관지를 수축시켜서 호흡과 순환을 조절하며, 배에서는 위의 꿈틀 운동에 관여하는 민무늬근육의 운동신경으로 작용해서 위, 장, 간, 콩팥 등 주

온몸에 영향을 미치는 미주신경의 작용

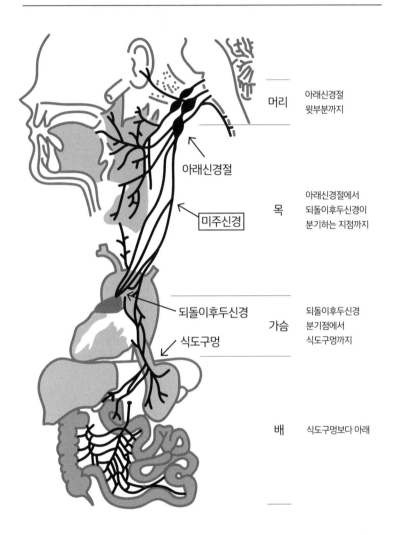

머리 — 아래신경절 윗부분까지

목 — 아래신경절에서 되돌이후두신경이 분기하는 지점까지

가슴 — 되돌이후두신경 분기점에서 식도구멍까지

배 — 식도구멍보다 아래

아래신경절

미주신경

되돌이후두신경

식도구멍

부교감신경의 80%를 차지하는 미주신경

요 장기에 감각을 전달합니다. 그러니까 **미주신경은 단순한 뇌신경이 아니라 사람이 살아가는 데 가장 중요한 신경**인 셈입니다.

정리하자면, 미주신경은 뇌에서 나와 온몸을 순환하며 가지를 뻗는데, 부교감신경으로서 심장, 폐, 위, 장 등 거의 모든 장기의 작용을 지배하는 매우 중요한 신경입니다. 그런 미주신경에 염증이 생기면 얼마나 몸이 위험해질지는 여러분도 쉬이 짐작할 수 있겠지요.

● 코인두는 미주신경 염증의 근원

그렇다면 코로나바이러스에 감염되었을 때 미주신경에 염증이 생기는, 즉 '불씨'가 만들어지는 부위는 어디일까요?

① **코로나바이러스 감염으로 염증이 생기는 부위**
② **미주신경이 분포하는 부위**

이 두 조건을 만족해야겠지요.
그리고 그 부위가 바로 **코인두**입니다.

코 안쪽에 있으며 양 콧구멍으로 들어온 공기가 합류해서 폐를 향해 아래로 내려가는 부위인 코인두는, 가는 털이 있는 섬모상피로 덮여 있으며 바이러스, 세균, 먼지 등이 달라붙기 쉬운 부위이기도 합니다.

코로나19가 유행하기 전의 코로나바이러스는 코감기의 원인인 리노바이러스와 함께 바이러스성 감기를 일으키는 2대 바이러스이자 목감기의 원인으로 알려져 있었습니다.

목감기는 바이러스가 코인두에 감염해서 생기는 병입니다. 코로나19 역시 변이를 거듭했는데, 오미크론 변이 바이러스부터는 일반적인 목감기 바이러스의 특징이 두드러졌으며 중증 바이러스성 폐렴에 걸린 사례는 거의 찾아볼 수 없어졌습니다.

목감기 바이러스의 주요 감염 부위는 '아~' 하고 입을 벌렸을 때 안쪽에 보이는 입인두가 아니라, 바깥에서는 보이지 않는 코 안쪽의 코인두입니다. 이 부위에는 미주신경과 인두(목)에 주로 분포하는 혀인두신경도 있어, 염증은 코 안쪽에 생겼는데 뇌가 착각해서 목이 아프다고 느끼기도 합니다.

그리고 미주신경과 함께 코인두에 분포하며 미주신경과 마찬가지로 감각신경인 혀인두신경은, 연수의 고립로핵에 신호를 전달합니다. 그래서 코인두에 분포하는 혀인두신경 말단에 생긴 염증 자극 또한 미주신경과 같은 경로를 따라 고립로핵에 전달되지요. 즉, **코인두에 생긴 불씨는 미주신경과 혀인두신경이라는 도화선을 타고 연수와 대뇌에 도달해서 뇌에 염증을 일으킵니다.**

● 딸꾹질과 미주신경

코인두에 미주신경이 있다는 사실을 쉽게 이해할 수 있도록 딸꾹질을 예로 들어 설명해 보겠습니다.

딸꾹질은 폐 아래의 가로막이 불수의운동(우리가 마음대로 조절할 수 없는 운동)으로 경련을 일으켜서 일어납니다. 이때 공기가 지나는 관이 좁아지므로 우리 몸은 평소보다 더 깊게 숨을 들이쉬려고 하는데, 딸꾹거리는 특유의 소리가 나는 이유는 이 때문입니다.

딸꾹질의 원인은 다양한데, 혀인두신경과 미주신경의 과도한 자극도 그중 하나입니다. 그리고 혀인두신경과 미주신경이 많이 분포하는 코인두에 염증이 생기면 두 신경 역시 자극받으므로 딸꾹질을 하게 됩니다.

코인두에 염증이 생기거나 위산이 역류하는 등 코인두 점막에 자극이 가해지면, 감각신경인 미주신경과 혀인두신경을 통해 연수의 딸꾹질 중추로 자극이 전달되고, 이어서 반사라는 형태로 말초신경과 이어진 가로막신경과 미주신경을 거쳐 가로막으로 전달됩니다. 그러면 호흡 운동인 가로막 수축이 성대문 폐쇄 운동과 동기화해서 딸꾹질이 나옵니다. 다시 말해 '코인두가 자극받았을 때 일어나는 호흡기계의 반사 운동'이 딸꾹질이 나오는 원인 중 하나입니다.

● 10초 만에 딸꾹질을 멈추는 방법

여러분도 딸꾹질을 멈추려고 각종 민간요법을 시도해 본 경험이 있지 않으신가요? 느닷없이 깜짝 놀라게 한다, 어려운 질문을 던져 딸꾹질에서 주의를 돌린다, 반대로 딸꾹질에 의식을 집중하며 숨을 멈춘다, 밥을 한입에 삼키고 숨을 참는다, 고개를 숙인채 찬물을 마신다, 고개를 숙인 채 사발에 담은 물을 마신다 등등 정말 다양한 방법이 있지요.

이렇게 해서 딸꾹질이 멈출 때도 있겠지만, 무조건 멈춘다고는 할 수 없습니다.

의학적으로 확실하게 딸꾹질을 멈추는 방법은 바로 미주신경을 자극하는 것입니다. 딸꾹질은 미주신경이 자극받았을 때 나므로 멈출 때도 미주신경을 인위적으로 자극하면 됩니다. 숨 참고 찬물 마시기, 손가락으로 혀 잡아당기기, 눈이나 귀 만지작거리기, 심호흡하기, 손가락을 두 귀에 넣고 30~60초 동안 강하게 누르기 등의 방법에도 이러한 원리가 숨어 있는데요. 마지막 방법은 귓구멍에 손가락을 집어넣었을 때 바깥귀에 분포하는 미주신경, 즉 미주신경의 귓바퀴가지(아놀드 신경)가 자극되는 원리를 활용한 것입니다. 딸꾹질은 미주신경의 자극으로 시작되었다가 미주신경의 자극으로 멈추는 셈이지요.

이렇게 다양한 방법이 있지만, 10초 만에 딸꾹질을 멈출 수 있는 방법이 있습니다. 바로 이비인후과용 면봉을 코 깊숙이 넣고 10초 동안 면봉 끝을 코인두 뒤쪽 벽에 강하게 누르는 것이지요. 이를 두세 번 반복하면 딸꾹질이 금세 멈추는데, 면봉이 미주신경을 자극했기 때문입니다. 코인두는 그야말로 미주신경의 집합소나 다름없는 곳입니다.

코로나바이러스가 좋아하는 부위이기도 한 코인두에 미주신

이비인후과용 면봉으로 딸꾹질을 멈추는 방법

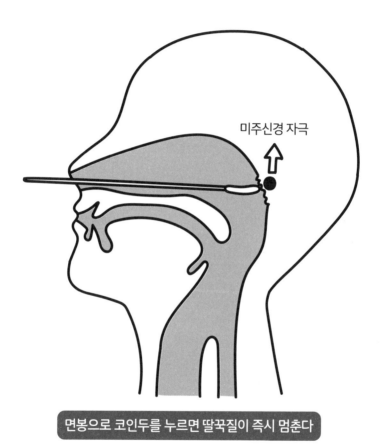

미주신경 자극

면봉으로 코인두를 누르면 딸꾹질이 즉시 멈춘다

경이 많이 모여 있다는 사실을 기억하셨겠지요? 정리하면 **코인두의 감염, 더 자세히는 코인두에 모여 있는 미주신경의 감염(염증)이 코로나 후유증의 시작점입니다.**

● 코로나19에 걸리고 멈추지 않는 딸꾹질

저는 어려서부터 딸꾹질로 고생한 적이 많았습니다. 한 번 딸꾹질이 시작되면 좀처럼 멈추지 않았지요. 하지만 약 15년 전에 코로 면봉을 넣어 코인두 찰과 치료(EAT)를 하면 딸꾹질이 곧바로 멈춘다는 사실을 알았습니다. 그 뒤로는 딸꾹질이 나와도 바로 멈출 수 있었기에 별로 힘들지 않았습니다.

하지만 어느 날 위기가 닥쳤습니다. 2023년 8월 코로나19에 걸린 것이지요. 이틀 정도 앓고 나니 열도 내리고 감기도 많이 나았지만, 저를 가장 괴롭힌 증상은 이틀째부터 시작된 딸꾹질이었습니다.

언제나처럼 코로 면봉을 넣어 EAT를 했지만, 딸꾹질은 멈추지 않았습니다. 확실한 대처법이라고 생각했는데 어째서인지 전혀 듣지 않았지요. 그 밖에도 다양한 방법을 시도해 봤지만, 전혀 효과가 없었습니다. 딸꾹질은 5초마다 한 번씩 밤낮을 가리지 않고 나왔고, 딸꾹질 없이 지낸 시간은 하루에 겨우 3시간밖에 되지 않았습니다. 그런 상태가 사흘 정도 이어지자 몸도 마음도 지쳐갔습니다.

그런데 나흘째 아침, 별 기대 없이 EAT를 했는데 딸꾹질이 뚝 멈추더군요. 그날 아침 어찌나 행복했는지 이루 말할 수 없을 정도였답니다.

평소에는 EAT를 하면 금방 딸꾹질이 멈추었는데, 왜 이번에는 사흘이나 효과가 없었던 걸까요? 아마 미주신경의 염증이 심한 탓에 EAT로 코인두의 미주신경을 자극해도 뇌(연수)까지 전달되지 않기 때문이 아닐까 생각합니다. 미주신경의 염증은 정말 만만치 않은 상대랍니다.

● 코로나 후유증의 증상

이번에는 코로나 후유증의 증상을 소개할 차례입니다.

코로나19 유행 초기에는 확진자의 절반 가까이가 후유증을 앓을 정도로 빈도가 높았지만, 변이를 거듭할수록 코로나 후유증 환자의 비율은 감소했고, 오미크론 변이에 이르러서는 확진자 중 코로나 후유증이 나타난 환자는 10~20%에 불과했습니다.

코로나 후유증의 증상은 정말 다양한데, 그중에서도 **나른함**, **피로, 두통, 브레인 포그, 우울** 등의 증상이 특히 자주 나타납니다. 두통, 현기증, 불수의운동 때문에 뇌에 이상이 생긴 거로 착각해서 MRI나 CT 검사를 권하기도 하지만, 실제로 이상이 발견되는 경우는 거의 없습니다. 혈액 검사 결과도 대부분 정상이었지만, 특이하게도 **아연 결핍**인 환자가 많았습니다. 제 병원을 찾은 코로나 후유증 환자 중 약 4분의 3이 아연 결핍 상태였지요. 몸에 아연이 부족하면 **미각·후각 장애, 피부염, 탈모, 성기능 장애** 등의 증상이 나타납니다.

이처럼 다양한 증상이 있는데, 미각·후각 장애를 제외하면 코로나 후유증의 거의 모든 증상은 다음과 같이 정리할 수 있습니다.

① 두통, 기침, 가래, 인두통 등 만성 코인두염 증상과 일치하는 증상
② 나른함, 피로, 브레인 포그, 힘 빠짐, 우울, 불면증, 두근거림, 설사 등 대뇌 둘레계통과 시상하부(시상하부-뇌하수체-부신 겉질)의 이상

코로나 후유증의 대표 증상

전신 증상

- 나른함 ・ 쉽게 지침 ・ 관절통 ・ 근육통
- 힘 빠짐 ・ 불수의운동 ・ 손발 저림

호흡기 증상

- 기침 ・ 가래 ・ 숨 가쁨 ・ 가슴 통증

정신·신경학적 증상

- 기억 장애 ・ 집중력 저하(브레인 포그) ・ 불면증 ・ 두통
- 우울, 불안 ・ 현기증 ・ 일어나기 힘듦 ・ 기립성 조절 장애

기타 증상

- 후각 장애 ・ 미각 장애 ・ 두근거림 ・ 설사
- 복통 ・ 인두통

코로나바이러스-19 감염증 증상 발현 이후
보통 3개월 이내에 발생하고 최소 2개월 이상 지속하는,
다른 대체 진단으로 설명될 수 없는 증상(WHO)

후각과 미각의 이상은 동시에 일어날 때가 많습니다. 후각 장애는 이른 시기에 호전될 때가 많기에 신경 자체의 이상이라기보다 신경 주변의 후각 세포를 받쳐주는 지지세포에 이상이 생기면서 후각 신경이 제 기능을 못 하게 된 결과일 가능성이 큽니다. 그리고 미각 장애는 혀의 미각을 담당하는 맛봉오리와 신경이 바이러스의 영향으로 제 기능을 못 하게 되었는데, 후각 장애가 겹치면서 음식의 냄새를 맡지 못하게 되는 바람에 맛을 느끼지 못하는 상태로 추정됩니다.

● **코로나 후유증 치료의 열쇠는 미주신경 자극**

지금까지 설명했다시피 코로나 후유증의 원인은 미주신경의 염증입니다. 따라서 이 염증을 치료하면 코로나 후유증도 치료할 수 있습니다. 그런데 미주신경의 염증을 치료한다 해도 염증이 생긴 부위가 신경인 만큼 일반적인 항염증제는 쓸 수 없습니다. 스테로이드는 들을지 모르지만, 신경의 염증을 치료하려면 스테로이드를 대량으로 투여해야 하므로 부작용도 고려해야 하지요.

미주신경의 염증을 억제하는 방법 중에는 **VNS**(Vagus nerve stimulation), 즉 **미주신경 자극 치료**가 해외에서 주목받고 있습니다.

미주신경의 염증뿐만 아니라 뇌에 생긴 염증도 억제할 수 있지 않을까 기대를 모으고 있습니다.

VNS는 목에 전극을 감아 목에 있는 미주신경에 전기 자극을 가하는 신경 자극 치료입니다. 일본에서는 난치병인 뇌전증 환자를 치료할 때만 보험이 적용되지만, 미국에서는 우울증과 두통을 치료할 때 VNS를 받아도 보험이 적용됩니다.

VNS도 조금 어려운 내용이지만, EAT와도 밀접한 관련이 있는 만큼 끝까지 따라와 주시길 바랍니다.

뇌가 활동할 때는 세로토닌과 노르아드레날린 같은 신경 전달 물질이 중요한 역할을 합니다. 그리고 이 신경 전달 물질이 감소하면 우울증에 걸리는 것으로 추정됩니다. 그래서 현재 널리 쓰이는 항우울제도 대부분 세로토닌처럼 신경세포 사이의 시냅스 틈새에서 방출되는 신경 전달 물질을 늘리는 약물입니다. 그리고 최근에는 코로나 후유증에 걸리면 혈중 세로토닌 수준이 줄어든다는 연구 결과가 보고되었습니다(참고문헌 6).

놀랍게도 VNS를 받으면 이러한 뇌의 신경 전달 물질이 증가한다는 결과가 동물 실험으로 확인되었습니다. 미국에서는 우울증 치료에도 VNS를 활용한다고 앞에서 소개했는데, 실험의 임상 데이터뿐만 아니라 메커니즘도 증명되었습니다.

사랑, 기쁨, 슬픔, 분노, 공포, 불안 등 인간의 감정을 담당하는 대뇌 둘레계통에는 기억에 관여하는 뇌의 주요 기관인 해마가 있습니다. 오랫동안 심리적 스트레스를 받으면 해마의 신경세포가 파괴되고 해마가 위축된다는 사실이 동물 실험으로 밝혀졌는데, 우울증 환자 역시 해마가 위축되어 있었습니다. 이때 동물 실험은 아니지만, VNS를 받으면 해마의 신경세포가 늘어난다는 결과도 보고된 바 있습니다(참고문헌 7). VNS에 기억력을 높이는 효과도 있을 수 있다는 말이지요.

저는 중고등학생 환자들이 기립성 조절 장애 같은 자율신경 관련 증상을 호소하며 저를 찾아오면 만성 코인두염이 원인일 것이라고 생각해서 이를 치료하기 위해 EAT를 합니다. 그랬더니 자율신경 관련 증상이 나았을 뿐만 아니라, 국어, 영어, 사회 같은 암기 과목의 성적이 올랐다는 학생이 적지 않게 나왔습니다. 그 배경에는 EAT가 코인두에 분포하는 미주신경을 자극(VNS)해

우울증과 코로나 후유증에 효과적인 VNS

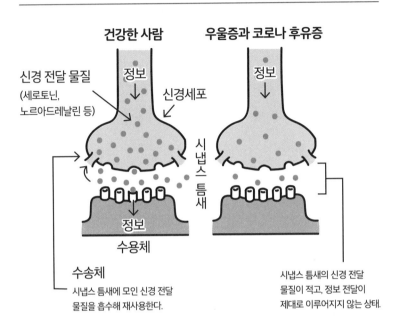

건강한 사람

우울증과 코로나 후유증

신경 전달 물질
(세로토닌,
노르아드레날린 등)

정보

신경세포

시냅스 틈새

정보

수용체

수송체

시냅스 틈새에 모인 신경 전달
물질을 흡수해 재사용한다.

정보

시냅스 틈새의 신경 전달
물질이 적고, 정보 전달이
제대로 이루어지지 않는 상태.

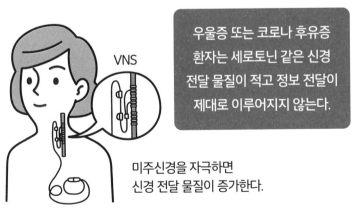

VNS

우울증 또는 코로나 후유증
환자는 세로토닌 같은 신경
전달 물질이 적고 정보 전달이
제대로 이루어지지 않는다.

미주신경을 자극하면
신경 전달 물질이 증가한다.

서 해마의 기능을 높이는 일련의 과정이 관련되어 있을지도 모릅니다.

그리고 이런 일도 있었습니다. 93세의 나이로 세상을 떠난 제 어머니는 노년에 치매 증세가 발견된 뒤로 고향인 아이치현의 간호 시설에서 제가 가까이서 모실 수 있고 간병인도 있는 센다이의 고령자 전용 주택으로 거주지를 옮기셨습니다.

어머니는 평소에도 두통을 호소하셨기에, 센다이로 이사 와서 돌아가시기 전까지 3년 동안 제가 일주일에 네 번씩 어머니께 코로 EAT를 해드렸습니다. 치료를 받으면서 어머니의 두통은 사라졌는데, 뜻밖에도 인지 기능도 호전되었으며 앞뒤가 맞지 않는 언동도 완전히 사라졌습니다.

일본 개호 보험에서도 어머니의 증세를 가장 중증인 '개호 필요 5등급'에서 '개호 필요 4등급'으로 판정했습니다. 생활 환경이 좋아진 영향도 있겠지만, 이는 EAT가 인지 기능에 긍정적인 영향을 줄지도 모른다고 생각하는 계기가 되었습니다.

● 귀의 미주신경을 자극하는 치료가 코로나 후유증에 미치는 효과

VNS는 코로나 사태 전부터 있던 치료로, 수술이 필요합니다. 목 왼쪽 미주신경 위로 전극을 감고 전선을 피부밑에 집어넣은 다음 왼쪽 가슴에 지름 약 5cm의 자극 발생기를 삽입하는 수술이지요. 이는 전신 마취 상태에서 진행되며, 수 시간이 걸리는 수술을 마치고도 한동안 입원해야 합니다. 그리고 목과 가슴에 작은 수술 자국이 남으며 전기 자극이 올 때 가래가 끓고 목에 위화감이 드는 부작용도 있습니다.

이러한 문제 때문에 기존의 VNS는 코로나 후유증 환자가 선불리 받기 힘든 치료였습니다.

그런데 최근 해외에서 몸 밖에서 귀에 분포하는 미주신경 가지에 전기 자극을 가하는 '경피 귓바퀴 미주신경 자극(Transcutaneous auricular vagus nerve stimulation, taVNS) 치료'가 주목받고 있습니다.

열세 명을 대상으로 한 소규모 임상시험에서 4주에 걸쳐 하루에 두 번씩 1시간 동안 귓바퀴의 미주신경을 자극한 결과, 코로

귀의 미주신경을 자극하는 taVNS

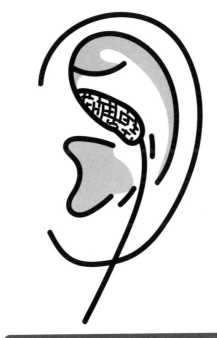

귀에도 미주신경을 자극하는 포인트가 있다

나 후유증에 효과가 있을 가능성이 있다는 결론이 나왔습니다

(참고문헌 8).

화제에 오른 taVNS에 관해 학습 능력 개선, 인지 기능 개선, 기억력 개선 등의 효과를 시사하는 논문들이 발표되고 있습니다. 그리고 이를 실험적으로 뒷받침하듯이 taVNS가 해마에서 노르아드레날린이 많이 방출되도록 유도함으로써 해마의 감정 인지 기능을 돕는다는 연구 결과도 있습니다.

귀에 전기 자극을 주면 이런 효과를 얻을 수 있다니 놀라울 따름입니다. 게다가 다음 장에서 소개할, 뾰족한 금속 막대로 피부를 자극하는 '따끔따끔 요법'도 이론적으로는 전기 자극과 같은 효과를 기대할 수 있을지 모릅니다.

● 콜린 작동성 항염증 경로와 VNS

콜린 작동성 항염증 경로란 미주신경을 통해 온몸의 항염증 반응을 조절하는 경로입니다. 아세틸콜린(Ach)을 주요 신경 전달 물질로 이용하는 이 경로는 염증성 사이토카인이 만들어지지 않도록 억제함으로써 염증을 완화합니다. 염증성 질환 치료에서 전망이 밝은 메커니즘으로 최근 주목받고 있으며, VNS의 염증

미주신경 자극이 뇌 염증을 억제하는 원리

미주신경 자극(VNS)

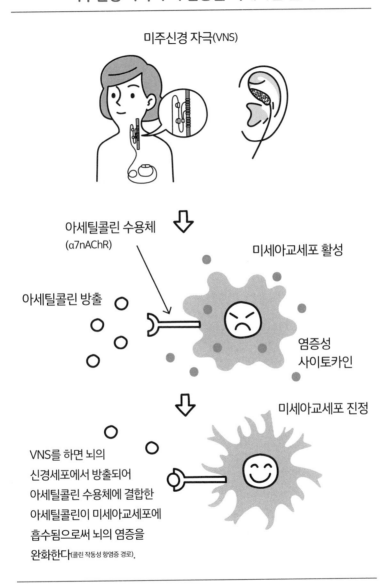

아세틸콜린 수용체
(α7nAChR)

미세아교세포 활성

아세틸콜린 방출

염증성
사이토카인

미세아교세포 진정

VNS를 하면 뇌의
신경세포에서 방출되어
아세틸콜린 수용체에 결합한
아세틸콜린이 미세아교세포에
흡수됨으로써 뇌의 염증을
완화한다(콜린 작동성 항염증 경로).

억제 작용 역시 콜린 작동성 항염증 경로를 이용하는 것으로 추정합니다. 이 항염증 경로가 작동하려면 염증을 일으키는 면역세포, 즉 대식세포의 $\alpha 7$ 니코틴성 아세틸콜린 수용체에 아세틸콜린이 결합해야 합니다.

그렇다면 뇌에 생긴 염증에도 이 콜린 작동성 항염증 경로가 존재할까요?

뇌에 대식세포는 없지만, 앞에서 소개한 미세아교세포가 대식세포와 마찬가지로 아세틸콜린 수용체를 가지고 있습니다. 따라서 VNS로 뇌의 신경세포에서 아세틸콜린이 방출되도록 유도하면 콜린 작동성 항염증 경로를 통해 뇌의 염증이 완화됩니다.

그러므로 **코로나 후유증의 원인인 뇌의 염증은 VNS로 치료할 수 있습니다.**

● 담배는 백해무익이 아니라 백해일익?

감기에 걸려서 병원을 찾았는데 의사가 흡연을 권하면 환자는 그 의사가 미쳤다고 생각하겠지요. 흡연은 만성 코인두염을 악화시키는 요인이고, 저 역시 환자에게 담배를 끊으라고 합니다.

그런데 백해무익이라는 담배에도 한 가지 장점이 있을지 모른다고 합니다.

코로나19 범유행이 시작된 2020년, 프랑스와 중국에서 '코로나19 중증 환자 중 비흡연자보다 흡연자의 비율이 낮다'라는, 의료 관계자가 기겁할 만한 연구 결과가 보고되었습니다.

니코틴은 아세틸콜린과 마찬가지로 콜린 작동성 항염증 경로를 유도하는 물질입니다. 이 연구 결과는 담배에 함유된 니코틴을 흡수함으로써 앞에서 소개한 아세틸콜린 수용체를 통해 콜린 작동성 항염증 경로가 작동함으로써 뇌와 폐에 과도한 염증이 생기지 않도록 억제했기 때문이라고 해석할 수 있습니다.

그러나 이후 흡연이 코로나19에 악영향을 준다고 지적하는 논문도 나왔으며 세계보건기구(World Health Organization, WHO)에서도 담배는 코로나19의 증상을 악화시키는 원인이니 흡연을 자제해달라는 권고를 전 세계에 발표하는 등, 흡연의 장점에 관한 논쟁은 어느새 세계 어디에서도 찾아볼 수 없게 되었습니다.

그러나 그 뒤로도 아세틸콜린 수용체를 경유하는 니코틴의 콜린 작동성 항염증 경로를 활용해 염증을 억제할 수 있는가에 관한 연구는 발전했습니다. 최근에는 생쥐를 이용한 동물 실험에서 니코틴이 코로나19 감염에 따른 뇌신경 장애를 억제했다는 결과가 보고되었습니다(참고문헌 9).

앞으로도 코로나 후유증 환자에게 흡연을 권장하는 날은 오지 않겠지만, 니코틴 패치처럼 니코틴이 포함된 제품을 코로나 후유증이나 만성 피로에 관한 임상시험에 응용하는 날은 올지도 모르겠군요.

● EAT는 강력한 미주신경 자극 치료

전기를 사용하는 VNS와 달리 **전기를 사용하지 않고도 간편하고 저렴하게 미주신경을 자극하는 치료가 있습니다. 바로 코인두 찰과 치료(EAT)입니다.**

EAT는 앞에서 설명했다시피 미주신경이 많이 분포하는 코인두에 약물(보통 0.5~1%의 염화 아연 용액)을 적신 면봉을 문지르는 치료법입니다.

이는 1960년대에 호리구치 신사쿠 일본 도쿄 의과치과대학 초대 이비인후과 교수가 창시한 일본의 독자적인 치료법으로, 이비인후과 의사들 사이에서 한때 화제에 올랐던 방법입니다. 하지

EAT를 통한 미주신경 자극

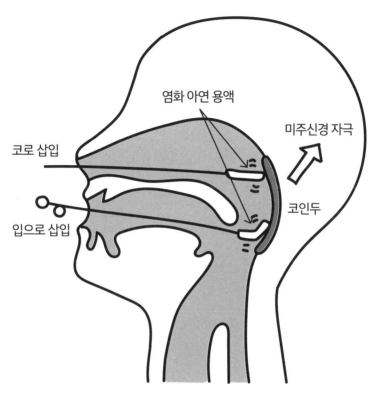

염화 아연 용액

미주신경 자극

코로 삽입

코인두

입으로 삽입

EAT로 미주신경을 자극(VNS)하면 자율신경계 중
부교감신경이 활성화된다.

만 안타깝게도 치료에 뒤따르는 아픔과 낮은 의료 수가 등 때문에 1980년대 이후로 점점 실시하는 의사가 사라져 가는 추세였습니다. 그러나 약 10년 전부터 IgA(면역글로불린 A) 콩팥병이나 나중에 설명할 기능성 신체 증후군과의 연관성이 발견되면서 EAT는 재평가받았고, 최근 다시 사람들의 관심을 받고 있습니다.

미주신경이 대부분을 차지하는 부교감신경계를 EAT가 자극한다는 사실은 1960년대 호리구치 교수가 이미 증명했는데, 지금도 이를 뒷받침하는 연구가 발표되고 있습니다. 가령 미주신경을 자극하면 심박수가 감소하는데, 치료의 통증으로 환자가 긴장해서 맥박이 일시적으로 빨라졌다가 EAT를 받고 서서히 맥박이 느려지는(심박수가 떨어지는) 것을 저는 종종 경험했습니다.

앞에서 딸꾹질을 멈추는 효과를 설명하면서도 증명했다시피 **EAT는 저렴하면서도 강력한 VNS랍니다.**

만성 피로를 부르는 백신 접종 후 증후군

● 코로나19 백신은 만성 코인두염 악화의 원인

2021년 봄, 코로나19 범유행의 구세주로 기대를 받은 코로나19 백신의 접종이 시작되었습니다. 하지만 안타깝게도 그 뒤로 **백신 접종 후 증후군**(백신 후유증)으로 고통받는 환자들이 나타나기 시작했습니다. 2022년 말까지 제 병원을 찾은 백신 후유증 환자와 코로나 후유증 환자는 거의 비등비등했습니다.

백신 후유증은 후각·미각 장애의 빈도가 낮다는 점을 제외하면 코로나 후유증과 증상이 매우 유사합니다. 즉, 만성 피로 증후군과도 유사하다는 뜻인데요. 남성보다 여성에게서 많이 나타나며 특히 30대, 40대 여성 환자의 비율이 높습니다. 이 역시 만성 증후군의 특징과 일치합니다.

그리고 백신 접종 후 증후군 환자는 대부분 심각한 만성 코인두염을 앓고 있으며, 코로나 후유증과 마찬가지로 EAT를 꾸준히 받음으로써 80%의 환자는 평범한 일상으로 돌아갈 만큼 회복했습니다.

다시 말해 백신 접종 후 증후군 역시 코로나 후유증처럼 만성 코인두염과 관련된 질환입니다. 하지만 국가와 의학회에서 관심을 가지고 환자들에게 다가갔던 코로나 후유증과 달리 백신 후유증은 관심을 받지 못하는 실정입니다.

정부도 의학회도, 그리고 WHO도 어째서인지 백신 접종 후 증후군을 제대로 마주하려 하지 않습니다. 심지어 자궁경부암을 예방하기 위해 맞은 HPV 백신의 부작용과 마찬가지로 '심인성(마음의 문제)'으로 치부해 버리는 경우도 종종 있습니다. 그러나 백신 후유증도 코로나 후유증도 **마음의 병이 아닙니다.** 환자 한 사람 한 사람과 마주하며 진료해 온 저는 도저히 그렇게 볼 수 없습니다.

백신 후유증 환자가 높은 비율로 심각한 만성 코인두염을 앓는 이유는 원래 만성 코인두염이 있었는데 코로나 백신을 맞고 염증이 심해졌기 때문이라고 생각합니다.

백신 접종 후 증후군의 특징

2022년 말까지 훗타 오사무 클리닉을 방문한
① 백신 접종 후 증후군 환자의 나이와 성별
(n=136명, 남자 41명 / 여자 95명)

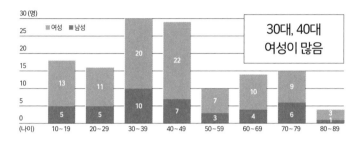

30대, 40대 여성이 많음

② 백신 접종 후 증후군 환자의 증상
(n=136명, 남자 41명 / 여자 95명)

비교적 높은 빈도 (25%~)

나른함 84(61.8%), 두통 65(47.8%), 목·어깨·등 통증 63(46.3%),
브레인 포그 56(41.2%), 피로 50(36.8%), 현기증 49(36.0%),
코 증상(예: 코막힘) 38(27.9%), 우울 / 기력 저하 34(25.0%)

중간 빈도

인두에 위화감 32(23.5%), 불안 31(22.8%), 소화기 증상 30(22.1%),
불면증 26(19.1%), 일어날 때 힘듦 22(16.2%), 두근거림 21(15.4%), 인두통 21(15.4%),
숨 쉬기 힘듦 19(14.0%), 가래 18(13.2%), 힘 빠짐 17(12.5%), 초조함 16(11.8%),
기억력 저하 16(11.8%), 관절통 15(11.0%), 미열 15(11.0%), 손발 저림 15(11.0%),
전신 통증 14(10.3%)

낮은 빈도 (~10%)

가슴 통증 11(8.1%), 몸무게 감소 10(7.4%), 귀울림 10(7.4%), 근육통 9(6.6%),
기침 8(5.9%), 눈·입 건조 7(5.1%), 공황 장애 7(5.1%), 악력 저하 6(4.4%),
귀가 먹먹함 6(4.4%), 목이 쉼 6(4.4%), 오한 4(2.9%), 후각 장애 4(2.9%), 탈모 4(2.9%),
미각 장애 3(2.2%), 피부 질환 2(1.5%), 눈 충혈 1(0.7%)

※ 19세까지의 대상 18명 중 9명(50%)이 학교를 가지 못함

무증상까지 포함하면 일본인 열 명 중 여덟 명이 만성 코인두염을 앓고 있다고 합니다. mRNA 백신인 코로나 백신을 맞으면 온몸의 세포가 바이러스 표면에 존재하는 스파이크 단백질을 대량으로 만들어 냅니다. 스파이크 단백질 자체가 일부 면역 세포(가지세포, 대식세포)를 자극하므로(참고문헌 10) 환자가 원래 앓고 있던 만성 코인두염의 염증이 백신을 맞고 심해졌을지도 모릅니다.

2023년 말 기준으로 일본 후생노동성은 백신을 맞고 몸이 나빠지는 특이적인 증상을 인정하지 않았지만, 최근 미국 예일대학교에서 백신 접종 후 증후군 환자를 대상으로 한 설문 조사를 바탕으로 진행한 241건의 임상시험 사례를 보고했습니다.

높은 빈도로 나타난 증상은 **운동 불내성**(보통 수준의 운동만으로도 쉽게 지치고 숨이 가빠오는 상태, 71%), **극심한 피로**(69%), **브레인 포그**(63%), **손발 저림**(63%), **신경 장애**(63%), **현기증**(61%), **두근거림**(60%), **근육통**(55%), **귀울림**(54%), **두통**(53%) 순이었습니다. 여기서도 만성 피로 증후군이 백신 접종 후 증후군의 대표 증상임을 알 수 있습니다.

그리고 이 임상시험에는 환자의 정신적인 요소에 관한 조사 항목도 있었는데, **불안**(93%), **공포**(82%), **불안 장애**(81%), **무력감**

백신 접종 후 증후군이 발생하는 원리

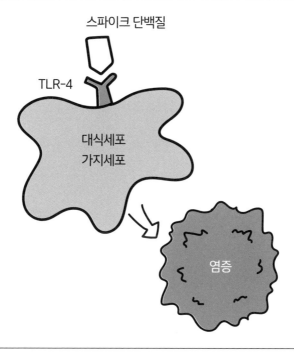

스파이크 단백질

TLR-4

대식세포
가지세포

염증

감염된 코로나바이러스-19의 스파이크 단백질 또는 mRNA 백신을 접종했을 때 몸에서 만들어진 스파이크 단백질을 코인두에 많이 존재하는 면역 세포(대식세포와 가지세포)의 Toll 수용체 4(TLR4)가 인식하면 면역 세포가 활성화되어 염증을 일으킨다.

원래 있던 만성 코인두염이 심해진다

(80%), **우울(76%), 절망(72%)** 등 환자들이 정신적으로도 괴로워했음이 확연히 드러났습니다.

그리고 이 연구에서 주목해야 할 점은 환자 241명을 대상으로 총 209종의 치료를 시행했다는 부분입니다. 미국에서도 백신 접종 후 증후군에 대해 이렇다 할 치료법을 찾지 못했음을 데이터를 통해 알 수 있습니다(참고문헌 11).

최근 해외에서도 EAT에 관한 문의가 들어오고 있지만, 현재 미국에서는 EAT를 시행하고 있지 않습니다.

● HPV 백신의 부작용도 만성 코인두염 악화의 원인

신장내과 전공인 제가 IgA 콩팥병을 비롯한 콩팥 관련 질환 환자에게도 EAT를 시행하게 된 계기는 다음과 같았습니다. 자궁경부암 예방을 목적으로 HPV 백신 접종이 시작된 2013년부터 백신을 맞은 뒤로 몸이 안 좋다며 젊은 여성 환자들이 병원을 찾았습니다. 지금까지 100여 명의 환자들을 진료했는데, 다들 만성 피로 증후군을 앓고 있었고 코로나 백신을 맞고 생긴 백신 후유증과 유사한 증상을 보였습니다.

HPV 백신 부작용 환자의 주요 증상

(n=84명, 14~23세, 평균 17.7세)

증상	N (%)
두통	81 (96.4%)
온몸이 나른함	78 (92.9%)
수면 장애	68 (81.0%)
등 통증	68 (81.0%)
힘 빠짐	63 (75.0%)
눈부심	61 (72.6%)
현기증	61 (72.6%)
구토감	59 (70.2%)
월경 이상	54 (64.3%)
기억력·사고력 저하	53 (63.1%)
관절통	50 (59.5%)
복통·설사	49 (58.3%)
귀울림	46 (54.3%)
무기력증	46 (54.3%)
눈 안쪽의 통증	44 (52.4%)
미열	40 (47.6%)
인두통·인두에 위화감	39 (46.4%)
전신 통증	36 (42.9%)
하지 불안 증후군	26 (31.0%)
불수의운동	25 (29.8%)
기침	20 (23.8%)
의식 장애	20 (23.8%)

Hotta O et al. Immunol Res 65: 66-71, 2017

제가 진료한 환자들에 한해서는 단 한 명의 예외도 없이 심각한 만성 코인두염이 발견되었으며, EAT를 꾸준히 받음으로써 증상이 어느 정도 호전되었습니다(참고문헌 12).

만성 코인두염이 심해진 원인은 코로나 백신으로 만들어진 스파이크 단백질이 아닙니다. 연구자들은 면역 증강 물질로 쓰인 알루미늄을 원인으로 지목했습니다.

현재 WHO 자문위원회는 백신을 맞고 몸이 나빠지는 문제의 원인을 예방 접종 스트레스 관련 반응, 즉 스트레스 반응으로 결론지었지만, 현장에서 환자를 진료하는 의료인으로서 위화감이 느껴지는 결론이었습니다.

만성 피로를 부르는 근육통성 뇌척수염/ 만성 피로 증후군(ME/CFS)

● 만성 피로 증후군의 증상과 진단 기준

코로나 후유증과 백신 후유증에서 공통으로 나타나는 대표 증상인 **만성 피로 증후군**(푹 쉬어도 극심한 피로를 떨칠 수 없어 일상에 지장이 가는 질환)을 해설할 차례입니다.

'원인 불명의 나른함을 시작으로 극심한 피로, 미열, 두통, 근육통, 탈력감(몸에 힘이 쑥 빠지는 느낌), 사고력 저하, 우울 등 신경학적 증상이 장기간 지속되는 바람에 건강한 사회생활을 할 수 없는 증세'는 1988년 하나의 질환으로 인정받아, 미국 질병 예방 관리 센터(CDC)에서 '만성 피로 증후군'이라는 이름을 붙였습니다.

한편, 몸이 쇠약해져 움직이지 못하고 통증, 기억력 저하, 감각 과민 등 다양한 증상이 뒤따르는 난치병은 1938년 영국 의학 논문에도 언급된 바 있으며, 1988년 영국 보건사회복지부와 영국 의사협

근육통성 뇌척수염/만성 피로 증후군(ME/CFS)이란?

만성 피로 증후군의 증상

오래 가는 피로

사고력·집중력 저하

수면 장애

목 림프샘 부음

두통

근력 저하

미열

관절통

목 아픔

근육통

- 일본에서 약 37만 명이 앓는 것으로 추정됨 *
- 다양한 연령층에서 나타남
- 평균 발병 나이는 30대, 가장 많이 발병한 나이는 40대
- 남성보다 여성의 유병률이 높음

* 한국에서는 1만 명당 약 5명 정도의 환자가 발생. 매년 2만 5000명 정도가 만성피로증후군 진단을 받는다. _Journal of Translational Medicine, IF 5.531, 2021년 12월 호.

회에서 '근육통성 뇌척수염'으로 인정받았습니다.

　당시 근육통성 뇌척수염은 바이러스 감염과 면역계 이상으로 뇌와 척수에 생긴 염증 때문에 신경계에 이상이 생긴 질환, 그리고 만성 피로 증후군은 스트레스와 수면 장애로 자율신경에 이상이 생기고 호르몬의 균형이 무너져 생긴 질환이라는 서로 다른 질환으로 생각했습니다.

　그러나 이후 둘이 사실 같은 질환이었음이 밝혀졌고, 지금은 근육통성 뇌척수염/만성 피로 증후군(Myalgic encephalomyelitis/Chronic fatigue syndrome, ME/CFS)이라는 일반명으로 불립니다. 이 책에서는 근육통성 뇌척수염/만성 피로 증후군(ME/CFS)을 만성 피로 증후군이라는 통칭으로 표기합니다.

　최근 연구에서는 뇌의 염증을 만성 피로의 유력한 원인으로 지목했지만, 일반적으로는 여전히 원인이 밝혀지지 않은 질환입니다. 게다가 만성 피로 증후군을 특정할 수 있는 검사도 아직 없는 탓에 환자의 증상에만 의존해서 진단을 내려야 하는 실정입니다.

　2015년 미국 의학한림원이 발표한 만성 피로 증후군의 일반적인 증상은 다음과 같습니다.

- 근육통
- 붓거나 붉은 기가 없는 관절통
- 새로 나타나거나 정도가 심한 두통
- 목 또는 겨드랑이 밑의 림프샘이 붓거나 아픔
- 목이 자주 아픔
- 오한을 느끼고 자면서 식은땀을 흘림
- 시력 장애
- 빛이나 소리에 민감해짐
- 구토감
- 음식·악취·화학 물질·약물에 대한 과민 반응/알레르기

구체적인 진단 기준은 다음과 같습니다. 만성 피로 증후군은 다음 세 가지 핵심 증상에 전부 해당하며 추가 증상 중 한 가지를 충족하는 질환으로 정의합니다.

[A] 세 가지 핵심 증상

① 활동 수준이 큰 폭으로 떨어짐

직무나 공부 등의 사회생활이나 일상에서 발병 전보다 활동 수준이 두드러지게 낮아진 상태가 6개월 이상 지속되면서 아래와 같은 피로가 뒤따른다.

- 계속 나타나는 극심한 피로
- 새로운 피로
- 높은 강도 또는 장시간 운동의 결과가 아닌 피로
- 휴식을 취해도 풀리지 않는 피로

② 운동 후 불쾌감(Post-exertional malaise, PEM)

- 발병 전에는 문제 되지 않던 신체·정신·감정 노동 후 증상이 심해짐
- 때때로 재발하며, 일부 환자는 빛이나 소리에 감각이 민감해져 PEM이 유발될 수 있음
- 일반적으로 몸을 움직이거나 감각이 민감해지고부터 12~48시간 후 증상이 심해지며, 수일~수주 지속됨

③ 잠을 자도 피로가 풀리지 않음

- 수면 패턴에 변화가 없는 상황에서 하룻밤 푹 잤는데도 피로가 풀리지 않음

이 중에서도 통칭 '크래시(Crash)'라는 PEM은 만성 피로 증후군에서 특징적으로 나타날 뿐만 아니라 치료할 때도 주의해야 하므로 특히 눈여겨봐야 합니다.

[B] 추가 증상

① 인지 기능 장애

- 사고, 기억, 실행 기능, 정보 처리에 문제가 있으며 주의력 결핍이나 정신 운동 기능에 장애가 있음
- 운동, 노동, 장시간 서 있는 자세, 스트레스, 시간적 압박 등으로 악화하며, 온종일 일하거나 학교에서 시간을 보내는 능력에 심각한 영향을 미칠 우려가 있음

② 기립성 조절 장애

- 서 있는 자세를 유지하면 증상이 심해지며, 일어서서 측정한

심박수와 혈압을 통해 객관적으로 판단할 수 있음
- 일상에서 가만히 서 있을 때 휘청거림, 실신, 피로 누적, 인지 기능 악화, 두통, 구토감 등의 증상이 심해지고 누우면 나아짐(완전히 해소되지는 않음)

만성 피로 증후군은 증상 하나하나가 흔해서 원인을 밝히기 힘든 상황에서는 섣불리 진단하기 힘들다는 문제가 있습니다. 그래서 피로도를 나타내는 심각도 분류(Performance Status, PS)를 기준 삼아 PS3 이상이면 만성 피로 증후군으로 진단합니다. 섣부른 진단(과잉 진단)을 피하도록 엄격한 기준을 따르고 있지요.

하지만 **이 진단 기준에 못 미친다 해도 건강하다고는 할 수 없습니다.** 가령 나른함이나 피로뿐만 아니라 두통, 인두통, 구토감 등 만성 피로 증후군으로 의심되는 증상을 보이며, 쉬는 날에도 피곤해서 온종일 소파나 침대에 누워 있거나 평일에 출근해서 열심히 일하더라도 몇 달에 한 번꼴로 몸이 버티지 못해 병가를 내는 사람은 PS2에 해당하므로 진단 기준상 만성 피로 증후군이 아닙니다.

만성 피로 증후군의 피로도

PS 기준

PS0 아무 이상 없이 온종일 활동할 수 있음

PS1 온종일 활동할 수 있지만, 때때로 피로를 느낌

PS2 온종일 활동할 수 있지만,
온몸이 나른해서 휴식이 필요함

PS3 온몸이 나른하며 한 달에 며칠은
직장/학교를 나가지 않고 집에서 쉬어야 함

> PS3 이상이면
> 만성 피로
> 증후군으로
> 진단함

PS4 온몸이 나른하며 일주일에 며칠은
직장/학교를 나가지 않고 집에서 쉬어야 함

PS5 온종일 일할 수 없으며 일주일에 3~4일은
수 시간 정도의 가벼운 노동이 가능함

PS6 상태가 좋은 날이면 수 시간 정도의 가벼운 노동이 가능하지만,
일주일에 2~3일이 한계

PS7 집에서 가벼운 일은 할 수 있지만,
직무나 사회 활동은 할 수 없음

PS8 하루의 절반 이상을 누워서 보내며
집에서도 때때로 간호가 필요함

PS9 온종일 누워 있으며 항상 간호가 필요함

지나치게 진단 기준에 매달리다 보면 만성 피로 증후군의 본질을 놓치거나 반대로 과소 진단, 즉 몸이 안 좋은 환자에게 '기분 탓'이라거나 '마음의 병'으로 치부할 위험도 있습니다.

중요한 점은 심각도와는 별개로 코로나 후유증이나 백신 후유증 환자처럼 만성 피로 증후군을 앓는 환자들도 코인두를 진찰했을 때 높은 빈도로 심각한 만성 코인두염을 앓고 있으며, EAT를 받고 나을 수 있다는 사실입니다.

지금까지 만성 피로 증후군과의 관련성을 연구할 때 만성 코인두염에 초점을 맞춘 적은 없었습니다. 그러나 만성 피로 증후군이 코로나 후유증의 대표 증상이며 코로나 후유증 환자처럼 만성 피로 증후군 환자도 심각한 만성 코인두염을 앓는다는 점, 그리고 만성 피로 증후군이 EAT를 받고 호전된다는 점에서 **만성 피로 증후군은 만성 코인두염과 관련된 질환**으로 볼 수 있습니다.

한편, 코로나19 범유행은 인류를 불안과 혼란에 빠뜨렸지만, 여태 알려지지 않았던 만성 피로 증후군이나 국가와 의학계에서 주목한 적 없던 백신 접종 후 증후군(백신 후유증)의 임상과 연구가 빛을 보게 해주었다는 긍정적인 면도 간과할 수 없겠습니다.

근육통성 뇌척수염/만성 피로 증후군에 대한 EAT의 효과

ME/CFS의 21가지 증상(캐나다 기준)의 변화

증상	치료 전	치료 후	p
노동 후 피로	2.68	1.00	<0.01
피로 해소 시간	2.41	0.79	<0.01
피로감	2.59	0.85	<0.01
수면 장애	1.41	0.59	<0.01
통증	2.18	0.79	<0.01
기억 장애	0.47	0.18	0.05
집중력 저하	0.82	0.38	0.04
말이 안 떠오름	0.5	0.15	<0.01
위장 장애	0.88	0.44	<0.01
반복되는 인두통	1.09	0.21	<0.01
인플루엔자 유사 증상	0.38	0.12	0.01
일어날 때 현기증	1.00	0.38	<0.01
비정상적인 체온	2.09	0.68	<0.01
체온 조절 장애	2.12	0.74	<0.01
비정상적인 오한	0.62	0.35	0.01
몸무게 변화	0.35	0.03	0.01
움직이면 숨 가쁨	0.91	0.24	<0.01
림프샘을 누르면 아픔	1.15	0.24	<0.01
빛·소리·냄새에 민감함	1.35	0.44	<0.01
근력 저하	0.74	0.47	0.13
식품·화학 물질 불내성	0.44	0.24	0.03

N=(남성 4, 여성 30) 평균 나이 41세

증상 심각도 / EAT 전 / EAT 후

申偉秀, 堀田修, 谷俊治. 日本臨牀(신위수, 홋타 오사무, 다니 슌지, 일본 임상)79:989-994, 2021

코로나 후유증, 만성 피로 증후군, 백신 접종 후 증후군의 관계

코로나 후유증

자가 면역 질환 (예: IgA 콩팥병) 악화 피부 질환	만성 피로 증후군 피로, 나른함, 두통, 현기증, 목·어깨 결림, 브레인 포그, 기억력 저하, 무기력증, 불면증, 우울, 설사, 복통, 가슴 통증, 두근거림, 숨 가쁨, 인두통, 인두에 위화감, 전신 통증, 관절통, 근육통, 걷기 힘듦	후각 장애 미각 장애 기침

백신 접종 후 증후군

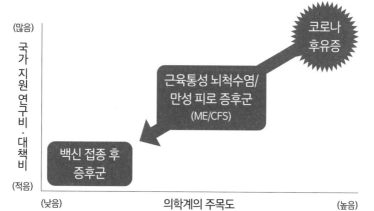

코로나 후유증이 세계적으로 주목받으면서 관련 연구가 급속도로 진전되었다. 이 연구 성과는 만성 피로 증후군과 백신 접종 후 증후군의 규명으로 이어질지도 모른다.

만성 피로를 부르는 만성 코인두염 관련 기능성 신체 증후군

● 원인 모를 상태 악화의 근본 원인

코로나 후유증에서는 후각 장애와 미각 장애, 가래가 비교적 자주 나타나는 한편, 백신 후유증에서는 IgA 콩팥병 때문에 토리(사구체)의 혈관염이 악화해서 혈뇨가 나오며 일부 환자들은 간질성 폐렴 같은 자가 면역 질환이 악화하거나 피부염이 나타나는 등의 차이를 보였습니다. 그러나 앞에서 설명했다시피 백신 후유증의 대표 질환은 만성 피로 증후군입니다.

환자가 호소하는 증상을 설명할 수 있는 병변이 확실치 않은 증세를 예전에는 '의학적으로 설명되지 않는 신체 증상'으로 불렀습니다. 이에 해당하는 주요 증상으로는 피로, 나른함, 두통, 현기증, 두근거림, 복통, 설사, 관절통 등이 있습니다.

1999년, 영국의 정신건강과 의사인 사이먼 웨슬리는 이를 기능성 신체 증후군이라는 새로운 개념으로 정의하자고 제안했습니다. 기능성 신체 증후군은 '적절한 진료와 검사를 받아도 기질적인 원인 때문에 설명할 수 없는 신체적 증상과 이에 동반되는 고통으로 일상에 지장이 생기는 질환'으로 정의합니다.

의학적으로 설명되지 않는 신체 증상으로 치부되던 각종 증상의 원인에 특정 질환이 존재한다고 전제한, 한 단계 발전한 개념입니다. 이 '특정 질환'은 이후 연구를 통해 뇌의 염증에 따른 대뇌 둘레계통과 시상하부의 이상으로 밝혀졌습니다. 그리고 이러한 증상의 근본적인 원인 중 하나가 만성 코인두염이라고 저는 생각합니다.

만성 피로 증후군은 전부터 기능성 신체 증후군으로 여겨져 왔습니다. 한편, 뇌 미세아교세포의 염증은 일반적인 검사로 검출되지 않으며, 이와 관련된 코로나 후유증과 백신 후유증 역시 혈액 검사나 MRI 같은 영상 검사로 확인할 수 있는 특정 질환이 아니므로, 기능성 신체 증후군으로 볼 수 있습니다.

코로나 후유증 환자도 백신 접종 증후군 환자도 그리고 만성 피로 증후군 환자도 심각한 만성 코인두염을 앓고 있으며, 만성

만성 코인두염 관련 기능성 신체 증후군

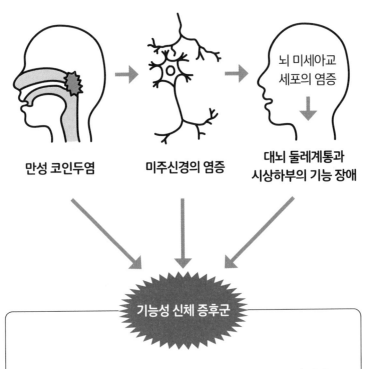

만성 코인두염 → 미주신경의 염증 → 뇌 미세아교 세포의 염증 → 대뇌 둘레계통과 시상하부의 기능 장애

기능성 신체 증후군

두통, 현기증, 나른함, 피로, 힘 빠짐, 브레인 포그, 기억력 저하, 기력 저하, 두근거림, 인두통, 인두에 위화감, 불안, 일어나기 힘듦, 숨 쉬기 힘듦, 수면 장애, 더부룩함, 설사, 복통, 불수의운동, 등 통증, 목·어깨 결림, 하지 불안 증후군

원인 모를 몸 상태 악화의 배경에는 만성 코인두염이 있다!

코인두염에 대응하는 치료인 EAT로 증상이 호전됩니다. 그 점에서 이 질환들은 근본적으로 만성 코인두염을 치료해야 낫는 기능성 신체 증후군, 즉 '**만성 코인두염 관련 기능성 신체 증후군**'으로 볼 수 있습니다. 이렇게 정의 내리면 증세를 더 깊이 이해할 뿐만 아니라 근본적인 치료법을 찾는 길까지 개척할 수 있습니다.

원인도 모르게 몸 상태가 악화되는 배경에 만성 코인두염이 있다는 뜻이니까요.

제 2 장

만성 피로를
치료하는 방법

- 치료와 셀프 케어

다양한 치료법과 셀프 케어의 조합

● 건강의 토대와 자율신경계 관리

제2장에서는 만성 피로의 치료법으로 만성 코인두염의 근본적인 치료법인 코인두 찰과 치료(EAT), 그리고 EAT와의 조합으로 시너지 효과를 기대해 볼 만한 치료법과 셀프 케어를 소개합니다.

이는 EAT만 받아서는 확실히 호전되기 힘든 환자에게 시도할 가치가 있는 방법들입니다. 자세한 내용은 각 항목을 참고해 주시고, 여기서는 치료의 전반적인 메커니즘을 설명하겠습니다.

만성 피로로 고민하는 환자들은 건강의 토대가 불안정하고 자율신경계도 불균형한 상태입니다. 공기가 지나는 길이자 부교감신경의 주역인 미주신경이 많이 분포하는 코인두는 그야말로 건강의 토대 중에서도 핵심이라고 할 수 있는 부위입니다. 그런 코인두에 염증이 생긴 (중증) 만성 코인두염은 만성 피로 증후군 환자에게서 흔히 발견되며, **EAT**를 받으면 증상이 어느 정도 호전됩니다. 따라서 코인두염의 치료와 관리는 만성 피로에 시달리며 불안정해진 건강의 토대를 바로잡는 데 무엇보다도 중요합니다.

코인두의 건강을 되찾으려면 EAT도 물론 중요하지만, 염증을 억제하는 한편, 바이러스, 꽃가루, 황사 등 염증을 일으키는 원인으로부터 코인두를 지키는 **코 세척과 코인두 세척** 역시 중요한 셀프 케어입니다.

우리는 코라는 공기 청정기를 가지고 태어났습니다. 코가 아닌 입으로 들이쉰 공기는 코의 천연 정화 작용을 거치지 못한 채 코인두를 자극합니다. 그러므로 평소에 입으로 숨을 쉬는 사람은 코로 숨 쉬는 습관을 길러야 합니다. 이때 혀의 위치를 바로잡는 '**카니유데 체조**'를 하거나 자기 전에 **입막음 테이프**를 붙이면 도움이 됩니다.

그리고 **찜질**은 코인두의 혈액 순환을 개선하는 효과뿐만 아니라 목빗근(흉쇄유돌근)과 등세모근(승모근)의 긴장도 풀어주므로 코로 숨 쉬기도 편해지고 목과 어깨의 결림도 풀립니다.

혀에 이가 닿으면 **혀도 스트레스를 받는데**, 이는 이와 턱을 교정하는 **교합 치료**로 해소할 수 있습니다. 교합 치료는 목빗근의 긴장을 풀고 목 결림을 푸는 효과가 있으며, 혀의 스트레스가 해소되면 자율신경계의 균형도 맞추어집니다. 그리고 음식을 똑바로 씹을 수 있게 되면 당연히 건강의 토대도 바로잡힙니다.

미세혈관의 혈액 순환에 이상이 생겼을 때 나타나는 어혈(염증 물질이 섞인 탁한 혈액)은 건강의 불균형을 불러오는 원인이 되므로 제거해야 합니다. 코인두의 어혈은 EAT로 제거할 수 있지만, 다른 부위의 어혈을 제거할 때는 **괄사 마사지**가 효과적입니다. 괄사 마사지는 자율신경계의 균형을 바로잡는 효과도 있습니다.

● 자율신경의 활성도와 치료법

만성 피로 증후군, 코로나 후유증, 백신 후유증 등으로 만성 피로를 호소하는 환자의 자율신경을 검사하면, 단순히 교감신경과 부교감신경의 균형이 무너진 상태가 아니라 교감신경과 부교감신경의 활성도가 모두 떨어져 있습니다.

자율신경계가 건강하면 미주신경이 약 80%를 차지하는 부교감신경과 교감신경이 어느 정도 긴장을 유지함으로써 편안히 있을 때도 적당한 긴장감과 집중력을 발휘합니다.

한편, 투쟁과 도주는 교감신경이 활성화되고 부교감신경이 비활성화되는 전형적인 상황입니다. 누군가와 싸울 때 혹은 화재나 자연재해처럼 갑작스럽게 닥친 위험에서 도망칠 때는 순발력과 집중력이 높아지는 동시에 스트레스를 크게 받습니다. 반대로 느긋하게 쉴 때는 교감신경이 비활성화되고 부교감신경이 활성화되며 의욕과 활력이 낮아집니다.

만성 피로 증후군, 코로나 후유증, 백신 후유증에 걸리면 교감신경과 부교감신경이 모두 활성도가 낮아 몸이 불안정해집니다. 대표 증상인 두근거림, 초조함, 불면증, 불안 등은 모두 부교감신경이 극도로 비활성화되어 교감신경계가 상대적으로 우위에 있을 때 나타납니다.

이를 해결하려면 부교감신경 혹은 부교감신경과 교감신경을 모두 활성화하는 치료가 필요합니다. EAT는 물론이거니와 머리에 놓는 **침 치료**(Yamamoto New Scalp Acupuncture, YNSA)와 뾰족한 금

자율신경을 활성화하는 방법

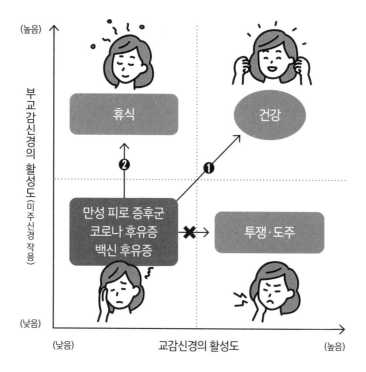

❶ EAT, 침 치료(YNSA), 따끔따끔 요법, 소금물 요법
❷ 화온 요법

속 막대로 피가 나지 않을 정도로만 피부를 자극하는 **따끔따끔 요법**(Prickling Neuro-Stimulation Technique, PNST)은 미주신경을 직접 자극함으로써 부교감신경을 활성화합니다. 천일염을 물에 타서 마시는 **소금물 요법** 역시 같은 작용을 합니다.

저온 사우나에 들어가 몸을 덥히는 **화온**(和溫) 요법은 부교감신경만 활성화하므로 부교감신경의 활성도가 특히 낮아 교감신경이 우위에 있는 환자에게 추천하는 치료입니다.

교감신경만 활성화되면 **크래시**(Crash) 현상이 생겨 몸이 더욱 나빠집니다. 그러므로 집중해서 일하거나 맥박 수가 올라가는 운동을 하는 등 교감신경이 활성화될 만한 행동은 피하는 편이 좋습니다.

● 크래시로 인한 상태 악화를 피하는 방법

어떤 계기로 만성 피로가 갑자기 악화하는 크래시 현상은 만성 피로 환자를 진료할 때 특히 주의해야 할 부분입니다.

크래시가 생기면 환자는 조금씩 나아지던 몸이 다시 원점으로 돌아간 것 같은 절망을 느끼게 됩니다. 몸을 가볍게 움직이거

만성 피로의 치료법과 메커니즘

	건강의 토대 세우기		자율신경계의 불균형 바로잡기	
	코인두 상태 개선	어혈 제거	미주신경 자극	교감신경/ 부교감신경의 균형 개선
EAT	○	○ (코인두의 어혈)	○	○
코 세척 · 코인두 세척	○			
카니유데 체조	○			
입막음 테이프	○			
찜질	○			○
침 치료(YNSA)			○	○
따끔따끔 요법			○	○
괄사 마사지		○ (온몸의 어혈)		○
화온 요법				○
소금물 요법				○
치과 교합 치료	○ (씹는 능력 향상)			○

나 인간관계로 스트레스를 받는 등 일상에서 흔히 일어나는 사소한 일을 계기로 발생하는 경우가 대부분이지만, 치료 자체가 원인이 되어 발생하기도 합니다.

한편, **호전 반응**은 크래시와 달리 몸이 낫는 도중 몸 상태가 일시적으로 악화하는 증상입니다. EAT를 받을 때도 종종 호전 반응이 일어나기도 합니다. 예를 들어, EAT를 받으면 두통이 금세 가라앉았지만, EAT를 처음 받고 수 시간에서 한나절 동안 두통이 심해지기도 합니다. 하지만 이런 호전 반응은 일시적이므로 시간이 지나면 두통은 가라앉습니다.

이러한 크래시에 주의하면서 건강의 토대를 세우고 자율신경계의 불균형을 바로잡는 것이 만성 피로 치료의 핵심입니다.

코인두 찰과 치료(EAT)

● 만성 코인두염의 유일한 치료법, EAT

만성 피로 증후군, 코로나 후유증, 백신 후유증이 모두 만성 코인두염이라는 근본적인 원인 때문에 미주신경, 대뇌 둘레계통, 시상하부에 이상이 생겨 나타난 기능성 신체 증후군이라면 당연히 만성 코인두염을 치료해야 합니다.

만성 코인두염은 세균 감염에 따른 질환이 아니므로 항생제를 써도 의미가 없습니다. 보통은 염증에 효과적인 스테로이드를 사용하지만, 안타깝게도 만성 코인두염에는 듣지 않습니다. IgA 콩팥병을 비롯한 콩팥 관련 질환 환자에게 대량의 스테로이드를 점적 투입하는 스테로이드 펄스 치료로도 만성 코인두염이 호전되지 않은 사례 역시 이를 뒷받침합니다.

그러나 만성 코인두염을 확실하게 치료하는 방법은 있습니다. 바로 **코인두 찰과 치료**(EAT)입니다. EAT는 1960년대에 호리구치 신사쿠 도쿄의과치과대학 초대 이비인후과 교수가 고안한 일본의 독자적인 치료입니다. 그전까지는 코인두의 한자명인 비인강(鼻咽腔)에서 따와 B 스팟 치료라는 명칭을 사용했지만, 의료가 국제화된 현재 의학회와 의학 논문에서는 코인두 찰과 치료의 영어명인 Epipharyngeal Abrasive Therapy에서 앞 글자를 딴 EAT를 보편적으로 사용합니다.

● EAT의 치료 방식

EAT는 약물에 적신 면봉을 코로 집어넣어 코인두를 문지를 뿐인, 의사라면 누구나 할 수 있는 간단한 치료입니다.

우선 한쪽 콧구멍으로 약물(0.5~1% 염화 아연 용액)에 적신 코 면봉을 콧구멍 바닥을 따라 집어넣습니다. 면봉 끝이 코인두 안쪽 벽에 닿으면 코인두 벽을 세게 쿡쿡 찌릅니다. 같은 곳을 5~10번 찌른 다음 방향을 바꾸어 코인두의 다른 곳을 찌릅니다. 이렇게 최대한 넓은 범위를 총 30번씩 찌릅니다.

반대쪽 콧구멍으로도 면봉을 집어넣어 똑같이 30번씩 찌릅니다. 염증이 심할수록 면봉 끝에 피가 많이 묻어 나옵니다. 코인두는 양쪽 콧구멍의 통로가 만나 합쳐지는 부위이므로 나중에

코인두 찰과 치료(EAT)

코와 입으로 면봉을 집어넣어
코인두를 자극한다.

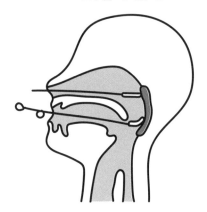

염증이 심할수록 아프고
피가 많이 나온다. 문질렀
을 때 하얀 고름 덩어리가
나오기도 한다.

고름

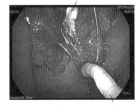

내시경으로 확인한   면봉
코인두 사진

제공: 다나카 아야키 박사
(일본 오사카시 다나카 이비인후과)

EAT에 필요한 도구

염화 아연 용액
소염 작용을 하는 염화 아연 용액.
코 면봉과 인후두 면봉의 솜에 적신다.

설압자
입을 벌리는 도구

코 면봉

인후두 면봉

넣은 면봉에 피가 더 많이 묻어 나옵니다.

코로 EAT를 끝냈다면 다음은 입으로 인후두 면봉을 집어넣어 코인두의 천장과 양옆까지 꼼꼼하게 문질러 줍니다. 코로 할 때는 곡괭이질, 입으로 할 때는 삽질하는 이미지를 그리며 넓은 범위를 면봉으로 꼼꼼히 문지르는 것이 중요합니다.

● EAT의 세 가지 메커니즘

EAT에는 세 가지 중요한 메커니즘이 있습니다(참고문헌 13).

첫 번째는 **미주신경 자극 작용**입니다. 미주신경이 많이 분포하는 코인두를 찌르는 EAT는 강력한 미주신경 자극 치료(VNS)입니다. 60쪽에서 설명했다시피 VNS는 콜린 작동성 항염증 경로를 거쳐 뇌의 염증을 완화합니다.

두 번째는 **염화 아연 용액의 항염증 작용**입니다. 약물에 적신 면봉으로 코인두를 가볍게 문지르기만 해도 바이러스와 세균이 사멸됩니다.

세 번째는 코인두를 문질러 탁한 피를 제거하는 **사혈 작용**입니다. 만성 코인두염이 생기면 코인두 점막 밑 정맥에서 울혈과 림프액(사이질액)이 정체됩니다. 이렇게 정체된 혈액에는 미주신경에 염증을 일으키는 염증성 사이토카인도 많은데, 코인두를 꼼꼼히 문지르면 이 염증 물질을 피, 림프액과 함께 코인두 점막 밖으로 배출할 수 있습니다. EAT를 받으면 코인두 점막 안쪽의 염증성 사이토카인이 감소한다는 사실이 최근 실험에서 증명되었습니다(참고문헌 14).

뇌의 대사로 만들어진 노폐물은 주로 자는 동안 뇌척수액에 섞여 운반되어 머리뼈 밖으로 배출됩니다. 이 뇌척수액은 림프액의 형태로 림프관을 따라 깊은목림프절로 이동합니다. 뇌척수액이 뇌 밖으로 배출되는 경로는 다양한데, 이 경로들은 코인두에 모여 림프관얼기를 형성하며 이후 깊은목림프절로 이동한다는 사실이 바로 얼마 전에 밝혀졌습니다. 그러니까 코인두는 뇌에서 빠져나온 뇌척수액이 지나는 통로인 림프관의 중심부 역할을 한다는 뜻이지요(참고문헌 15).

코인두가 뇌에서 배출된 노폐물을 운반하는 림프관의 핵심 요소인 만큼 만성 코인두염 때문에 코인두에서 울혈과 림프액이 정체되면 하수도가 중간에 막힌 것과 같은 상태가 되며 림프관 상류에 있는 뇌의 기능에까지 영향이 갑니다.

EAT를 받았더니 눈이 맑아졌다거나 머릿속에 끼어 있던 안개

코인두는 뇌척수액이 지나는 림프관을 중계하는 부위

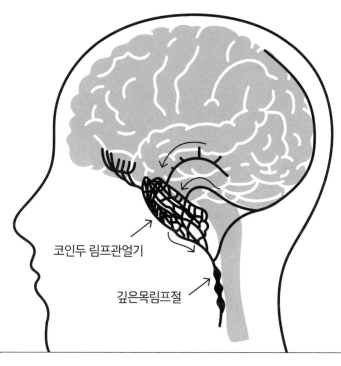

코인두 림프관얼기

깊은목림프절

뇌에서 빠져나온 뇌척수액은 림프관을 지나
코인두 림프관얼기에 모인 다음 깊은목림프절로 이동한다.

**코인두에 염증이 생기면 림프관이 막히고
뇌 기능에도 영향이 간다.**

※ Yoon JH et al. Nature,625:768-777, 2024를 바탕으로 수정

가 걷혔다는 환자들이 종종 있는데, EAT의 사혈 효과로 코인두에 뭉쳐 있던 울혈과 림프액이 원활하게 흐르게 된 덕이 아닐지 생각합니다.

저는 지금까지 만성 코인두염을 치료하기 위해 이비인후과에서 코인두 점막의 병변 부위를 외과적으로 제거하는 시술(죽은 조직 제거술)을 받은 환자들을 많이 봐왔습니다. 그러나 다들 시술을 받아도 효과가 미약했습니다. 이론적으로는 약물에 적신 면봉보다는 병변 부위를 외과적으로 제거하는 쪽이 훨씬 효과적일 텐데, 실제로는 그렇지 않았지요. 외과 시술로는 EAT처럼 반복해서 미주신경을 자극하지 못했기 때문일지도 모릅니다.

● EAT의 효과를 얻는 포인트

EAT는 간단하지만 하면 할수록 새로운 것을 발견하는 심오한 치료입니다. 이번에는 제가 시행착오를 겪으며 20년 가까이 EAT를 하는 동안 느끼고 배운 바를 소개하려 합니다.

① 살짝씩 건드려서는 효과가 없다

이미 다른 병원에서 EAT를 받았는데도 낫지 않자 큰맘 먹고 다른 지역에서 제 병원까지 찾아오는 분도 있습니다. 그런 분은 대부분 EAT를 했을 때 피가 나오는데, 꾸준히 EAT를 받으면 증상도 호전되고 출혈도 멈춥니다. 그전까지 받았던 EAT가 제대로 효과를 발휘하지 못했던 것이지요.

이 환자들은 코인두를 문지르는 것이 아니라 약물을 가볍게 바르는 정도로만 치료를 받았다는 공통점이 있습니다. 코인두의 염증이 심한 환자들에게 EAT는 아프고 고통스러운 치료가 맞습니다. 하지만 확실한 효과를 얻으려면 환자뿐만 아니라 의사도 각오를 다져야 하는 법입니다.

② 환자가 무서워하면 억지로 치료하지 않는다

기립성 조절 장애도 EAT를 받으면 낫는 질환입니다. 제 병원을 찾는 환자 중에는 기립성 조절 장애 때문에 아침에 일어나기 힘들어하다가 등교를 못하는 지경까지 이어진 청소년도 많습니다. 이 환자들은 거의 예외 없이 심각한 만성 코인두염을 앓고 있었습니다.

EAT를 꾸준히 받으면 자율신경 기능이 회복되어 기립성 조절 장애가 호전되므로 아침에 일어나는 데 고생하지 않고, 학교에도 갈 수 있게 됩니다. 그뿐만 아니라 대뇌 둘레계통에 있는 기억 중추인 해마의 기능도 좋아지므로 성적이 오르는 학생도 종종 있습니다.

여기서 포인트는 EAT가 정말 효과가 있는지가 아니라 'EAT를 꾸준히 받느냐'입니다. 아쉽지만 EAT를 한 번 받자마자 기립성 조절 장애가 완치되는 환자는 없습니다. 게다가 치료를 받아봤더니 너무 아팠다며 환자가 치료를 거부해버리면 이도 저도 아니게 됩니다.

그래서 저는 환자가 무서워하면 입 대신 코로만, 필요하면 한쪽 콧구멍으로만 EAT를 시행합니다. 그렇게만 해도 만성 코인두염의 심각도는 충분히 진단할 수 있습니다. 이마저도 무서워하는 환자에게는 약물에 적신 코 면봉을 코인두 뒷벽까지 집어넣은 상태에서 쿡쿡 찌르는 대신 1분 동안 가만히 둡니다. 염증이 심하면 그렇게만 해도 면봉 끝에 피가 묻어 나옵니다.

환자 본인도 EAT를 두세 번 받는 동안 몸이 많이 나아졌음을 자각하면서 EAT에 대한 공포가 옅어져 갑니다. 그렇다 해도 입으로 면봉을 집어넣는 EAT를 억지로 할 필요는 없습니다. 본인이 원하지 않는 한 끈기를 가지고 코로만 면봉을 집어넣는 치료를 계속하는 편이 좋습니다. 입으로도 치료를 병행하면 더 효과가 좋겠지만, 코로만 진행해도 시간이 걸릴지언정 대부분은 낫습니다. 개중에는 코로만 스무 번 정도 EAT를 받은 끝에 등교를 할 수 있게 된 환자도 있었답니다.

③ 포인트는 환자가 알려준다

EAT를 할 때는 코인두의 천장과 가쪽 벽까지 넓은 범위를 꼼꼼하게 문질러주는 것이 중요합니다. 이때 코인두에는 환자의 증상과 관련된 포인트가 있다는 점을 알아두면 좋습니다. 특히 두통 부위와 코인두의 치료 포인트는 밀접한 관련이 있으므로 환자에게 머리 어디가 아픈지 물어보면 코인두의 어느 부위를 문질러야 할지 예측할 수 있습니다. 이는 EAT의 창시자인 호리구치 교수님이 1960년대에 이미 지적한 바이기도 합니다.

이마 두통과 뺨의 통증에는 이비인후과 의사인 다나카 아야

두통 부위와 코인두의 치료 포인트

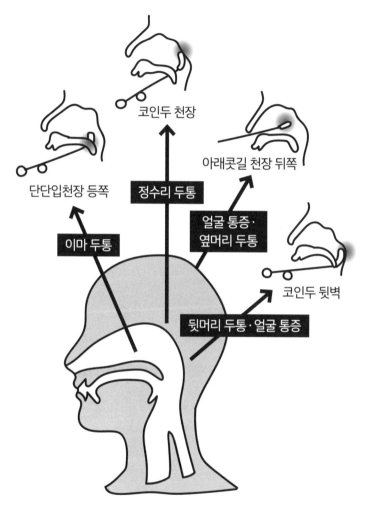

코인두 천장

아래콧길 천장 뒤쪽

단단입천장 등쪽

정수리 두통

얼굴 통증·
옆머리 두통

이마 두통

코인두 뒷벽

뒷머리 두통·얼굴 통증

참고: 호리구치 신사쿠 지음, 『堀口申作の B スポット療法(호리구치 신사쿠의 B 스팟 치료)』

키 선생님이 고안한 **날개입천장신경절 자극**(Intranasal Sphenopalatine Ganglion Stimulation, INSPGS)이 EAT보다도 효과적입니다. 약물에 적신 코 면봉을 코인두가 아니라 중간코선반까지 집어넣은 다음 문지르지 않고 약 1분 동안 가만히 두는 방법입니다. 그 부분에 닿았는지는 면봉을 삽입한 쪽 눈에서 눈물이 나오는지로 판단할 수 있습니다(110쪽 참조).

만성 코인두염이 심한 환자는 코인두 어디를 문질러도 아파하지만, EAT를 계속 받다 보면 염증 부위가 점점 줄어듭니다. 어디가 포인트인지는 EAT를 받으면서 환자 본인이 "거기예요!"하고 알려 줄 텐데요, 면봉으로 문질렀을 때 위화감이 느껴지거나 환자가 아파하는 부위가 바로 포인트입니다.

다른 병원에서 이미 EAT를 몇 번 받고 나서 내시경으로는 이상 소견이 없다는데 아직도 몸이 아프다며 제 병원을 찾는 환자도 간간이 있지만, 이 포인트는 내시경으로는 분간되지 않는 부위일지도 모릅니다.

그리고 이 환자에게 EAT를 했을 때 여전히 피가 나오거나 면봉으로 찌르면 아픈 부위가 있습니다. 내시경으로는 아무 이상

이마 두통과 뺨 통증에 효과적인 INSPGS

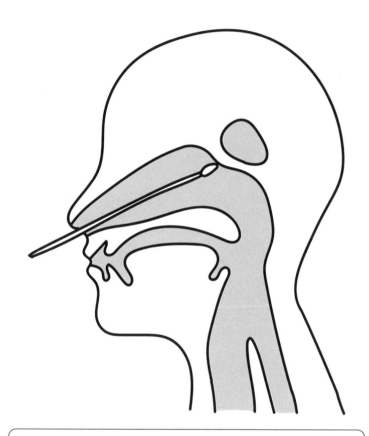

귓바퀴 위쪽을 목표로, 코사이막을 따라 중간코선반과
코사이막 사이의 좁은 틈새로 면봉을 집어넣는다.

이 없는데 증상이 남아 있다면 코로 면봉을 집어넣었을 때의 반응을 보고 코인두의 병변을 찾으면 됩니다.

④ EAT를 끝낼 타이밍

EAT를 언제 끝내야 하느냐에 대해서는 '면봉을 문질러도 피가 나오지 않을 때', '내시경 검사에서 염증이 보이지 않을 때' 등 의사마다 기준이 다릅니다.

책의 주제인 만성 피로의 관점에서도 역시 EAT를 끝낼 타이밍은 신중하게 판단해야 합니다. 만성 피로가 미주신경의 이상과 밀접한 관련이 있는 증상이며, EAT로 미주신경을 자극하면 나아질 수 있기 때문입니다.

그리고 EAT를 했을 때 피가 많이 나온다면 사혈 효과로 염증성 사이토카인이 포함된 탁한 혈액이 배출된다는 뜻이며, 환자 본인도 EAT를 받을 때마다 증상이 눈에 띄게 좋아진다고 느낄 것입니다. 그러나 EAT의 효과는 주로 미주신경 자극(VNS)으로 나타나는 만큼, 치료를 꾸준히 받으면서 피가 나오지 않게 되면 증상이 호전되는 속도 역시 느려질 수밖에 없습니다.

제 전문은 신장내과이며 만성 코인두염과 밀접한 관련이 있는 콩팥 질환은 IgA 콩팥병입니다. IgA 콩팥병이란 혈액의 여과 장치인 토리(사구체)에 염증이 생기는 질환으로, 염증을 일으키는 방아쇠는 코인두의 염증입니다. 토리의 염증은 혈뇨로 나타납니다. 혈뇨를 보이는 모든 IgA 콩팥병 환자에게 저는 원칙적으로 EAT를 시행합니다. 중간부터 스테로이드 펄스 치료를 병행하는 환자도 있지만, IgA 콩팥병 환자의 치료를 마칠 타이밍은 EAT에서 피가 나오지 않을 때가 아니라 혈뇨가 나오지 않게 되었을 때입니다.

IgA 콩팥병과 마찬가지로 만성 피로 환자가 EAT를 끝낼 타이밍은 '**환자가 만성 피로에서 해방되었을 때**'라고 저는 생각합니다. 수십 번, 백 번 넘게 치료를 받는 환자도 있는데, EAT의 효과가 제대로 나타나지 않는다면 뒤에서 설명할 다른 치료법들과 함께 EAT를 계속 받아야 합니다.

EAT에 대해 더 자세히 알고 싶으시다면 제가 쓴 『つらい不調が続いたら慢性上咽頭炎を治しなさい(푹 쉬어도 피곤하다면 만성 코인두염을 치료하라)』를 참고해 주세요.

코 세척은 셀프 케어의 기본

● 코인두를 물로 씻기

물로 헹군다고 하면 보통 입에 물을 머금고 헹구는 이미지를 떠올리지만, 그래서는 입안과 목 안쪽의 입인두밖에 헹구지 못하므로 코인두를 관리하기에 적합한 방법은 아닙니다.

코인두를 관리할 때는 **코 세척**이 좋습니다. 입으로 헹구는 입안과 입인두는 매끈매끈한 편평상피로 덮여 있지만, 코로 헹구는 코안과 코인두는 섬모상피로 덮여 있습니다. 섬모상피 표면에는 편평상피보다 바이러스, 세균, 먼지, 꽃가루, 황사 등이 잘 달라붙으므로 바깥에서 침입한 이물질이 많은 부위를 씻어내는 코 세척이 가글보다 훨씬 효과가 좋습니다.

EAT를 받기 전에 혼자 코 세척을 해 보고 몸 상태가 좋아진 코로나 후유증 환자도 꽤 많습니다.

어렸을 적 수영하다 코에 물이 들어간 경험 때문에 코 세척을 하면 코가 찡하지 않을까 걱정하는 사람도 있지만, 생리식염수에 가까운 0.9% 농도의 식염수를 체온에 가깝게 데운 다음 코에 넣으면 위화감이 없습니다.

코 세척에는 다음과 같은 효과가 있습니다.

① 바이러스, 먼지, 꽃가루, 황사 등을 씻어 보내는 세정 작용

② 콧속과 코인두의 섬모상피 활성화

③ 콧속과 코인두의 붓기 완화(고장성 식염수를 썼을 때)

④ 바이러스 증식 방지(고장성 식염수를 썼을 때)

약 1% 농도의 식염수로 코 세척을 하면 ①, ②의 효과를 얻을 수 있는데, 코가 막혔거나 감기에 걸렸다면 ③, ④의 효과까지 얻을 수 있도록 약 2% 농도의 고장성(Hypertonic, 세포의 삼투압보다 농도가 높은 용액-옮긴이) 식염수를 권장합니다.

코 세척에는 식염수와 용기가 필요합니다. 용기는 마트나 인터넷에서 파는 100~250cc짜리 소스 통에 빨대를 꽂으면 간단하게 만들 수 있는데, 매일 사용하려면 오래 쓸 수 있는 코 세척 전용 용기를 사도 좋습니다. 코 전체를 꼼꼼히 씻으려면 150cc

아프지 않게 코 세척하기

방법 ①

한쪽 코로 식염수를 넣고 다른 쪽 코로 빼낸다.

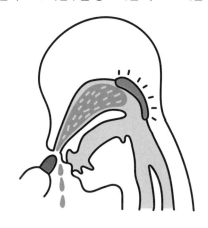

방법 ②

식염수를 코로 넣고 입으로 뱉는다.

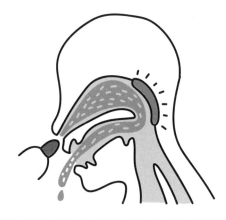

이상 용량을 추천합니다.

코 세척기 제조사에서는 자사의 코 세척 용기에 맞는 전용 세정제와 세정액도 판매하고 있습니다. 하지만 시판 중인 제품이 아니더라도 생수나 수돗물에 정제염을 넣으면 저렴하게 생리식염수를 만들 수 있습니다.

코 세척에 관해서는 제 저서 『痛くない鼻うがい(아프지 않게 코 세척)』에도 자세히 소개했습니다.

정확하게 코인두만 씻기

● 언제 어디서든 할 수 있다는 장점

코 세척은 뛰어난 셀프 케어지만, 세정액을 150cc를 넘게 만들 때도 있고 세정액을 코 또는 입으로 **빼내려고** 세면대나 욕실로 달려가야 할 때도 많습니다.

하지만 **코인두 세척**은 언제 어디서든 간단히 할 수 있습니다. 머리를 60도 정도 뒤로 젖히고 코 세척과 같은 농도의 식염수를 양 콧구멍으로 20cc씩 흘려 넣으면 됩니다. 코 세척과 달리 양이 적어서 마셔도 괜찮습니다.

가방에 식염수가 들어 있는 용기를 챙겨두었다가 목에 위화감이 들 때나 사람이 붐비는 곳에서 빠져나온 다음 가볍게 코인두를 씻을 수도 있으니 매우 편리하지요.

용기는 쓰기 편한 20~30cc짜리를 추천합니다. 점적형 점비제

언제 어디서든 할 수 있는 코인두 세척

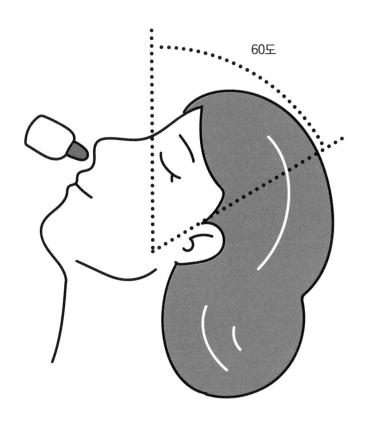

60도

도 있습니다.

코 세척용 제품만큼 종류가 많지는 않지만, 코인두 세척에 적합한 제품도 시중에 많습니다. 오존 살균 효과, 점막 회복 작용, 항염증 작용 등 제품마다 특징이 다르니 자세한 성분과 효과는 직접 확인하시길 바랍니다.

코로 숨 쉬는 습관을 들이는 카니유데 체조

● **혀의 위치를 바로잡고 입둘레근을 단련하는 체조**

만성 피로 증후군, 코로나 후유증, 백신 후유증 등으로 만성적인 피로와 나른함에 시달리는 환자를 진료하면서 알아차린 사실이 있습니다. 바로 입꼬리와 턱이 내려가 있고 등이 굽은 사람이 많다는 점이지요. 이는 호흡이 얕아지는 자세입니다. 게다가 입꼬리와 턱이 내려가면 입안에서 혀의 위치가 낮아지고 뒤로 말려 있으며 입으로 숨 쉬는 습관도 생깁니다.

코는 코털과 섬모가 있고 점액도 분비되어 보온 기능이 갖추어진 천연 공기 청정기입니다. 하지만 입(구강)은 원래 음식물이 지나는 통로이지 공기가 지나는 통로가 아니기에 정화 기능이 없습니다. 그 때문에 입으로 숨을 쉬면 코로 숨 쉴 때보다 코인두에 스트레스를 많이 줍니다. 따라서 **코인두를 건강하게 관리하**

입 대신 코로 숨 쉬기

입 호흡

코를 지나지 않아 걸러지지 않은 먼지와 바이러스와 세균이 섞인 공기가
직접 인두와 폐로 들어간다. 일부는 코인두로도 역류한다.

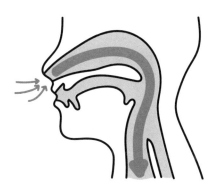

코 호흡

공기가 코를 지날 때 코털, 섬모, 점액, 림프 조직이 공기의
온습도를 유지하며 정화한다.

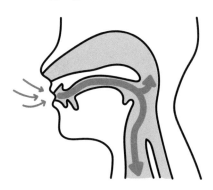

려면 입 대신 코로 숨 쉬는 습관을 들여야 합니다.

　기도는 혀끝이 어디에 위치하느냐에 따라 넓어질 수도, 좁아질 수도 있습니다. 혀끝을 아랫니 뒤쪽 대신 위턱에 붙이고 혀를 위로 내밀면 기도가 넓어집니다(오른쪽 그림).

　지금 바로 혀끝을 위턱(입천장)의 움푹 들어간 부분에 꾹 눌러보세요. 등이 펴지면서 코로 숨 쉬기 편해지지 않으셨나요?

　이러한 특징을 바탕으로 입으로 숨 쉬는 습관을 고치기 위해 제가 고안한 방법이 있습니다. 바로 '카니유데 체조'입니다.

'칵': 혀끝을 위턱의 움푹 들어간 부분에 누르면서 '칵'

'니~': 혀끝을 위턱에 붙인 채 입을 있는 힘껏 옆으로 벌리면서 '니~'

'유~': 입술을 오므리고 내밀면서 '유~'

'데~': 위를 보고 아래턱을 내밀면서 혀끝이 코에 닿도록 밀어 올리며 '데~'

　'칵'과 '데'는 혀가 뒤로 말리지 않게 해주며 혀의 정위치를 위로 끌어올려 줍니다. 그리고 '니'와 '유'는 느슨한 입둘레근을 단

혀의 위치를 올리는 카니유데 체조

① **칵**

혀를 위턱에
붙이고

② **니~**

입꼬리를 올리면서
입을 옆으로
크게 벌리고

③ **유~**

입술을 오므리고
내밀며

④ **데~**

혀가 코에 닿을
듯이 밀어 올린다.

※ 일어서서 허리에 손을 갖다 대고 하면 더 효과적입니다.

혀끝을 아랫니에 붙일 때

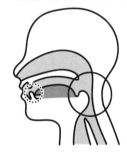

혀끝을 위턱에 붙일 때

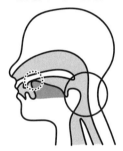

혀끝 위치에 따라 기도의 너비가 바뀐다

혀끝을 아래로 내밀 때

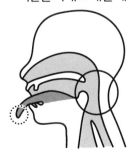

혀끝을 위로 내밀 때

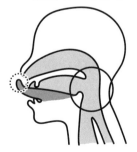

련해줍니다.

일어서서 양손을 허리에 갖다 대고 하면 '칵'과 '데'를 발음할
때 복근이 긴장되므로 앉아서 할 때보다 더 효과가 좋습니다.
'칵, 니~, 유~, 데~' 하고 하루에 30번씩 매일 하면 혀끝이 무의
식적으로 위턱에 붙게 됩니다.

잘 때 입으로 숨 쉬지 않게 해 주는 입막음 테이프

● 잘 때도 코로 숨 쉬는 비법

낮에는 의식해서 코로 숨 쉰다고 하지만 자는 동안 입으로 숨 쉬는 사람도 많습니다. 코인두는 입 호흡에 약한 부위이므로 만성 코인두염을 고치려면 자는 동안에도 코로 숨을 쉬어야 합니다. 이때 도움이 되는 아이템이 바로 **입막음 테이프**(입 벌림 방지 테이프)입니다.

최근 입으로 숨 쉬는 습관의 단점이 드러나면서 여러 건강 관련 기업에서 입막음 테이프를 출시하고 있습니다. 근처 생활용품 판매점에서도 저렴한 가격에 구할 수 있으며, 가격 면에서는 반창고를 입가에 세로로 붙이는 편이 좋을 수도 있습니다. 다양하게 시험해 보고 자기에게 맞는 제품을 고르면 됩니다.

자기 전에 테이프를 붙이고 잤는데 아침에 일어나 보니 테이

잘 때도 코로 숨 쉴 수 있게 해 주는 입막음 테이프

프가 떨어져 있었다면 자는 동안 숨을 입으로 쉬었을 가능성이 큽니다. 그렇다고 떨어지지 않을 정도로 단단히 붙여서는 안 됩니다. 그리고 코가 막혀서 숨을 잘 쉬기 힘들 때도 입막음 테이프 사용은 권장하지 않습니다. 코가 불편하다면 사용하기 전에 반드시 의사와 상담합시다.

부교감신경을 활성화하는 찜질

● **목빗근과 등세모근을 풀어주고 코인두의 혈액 순환을 돕는 효과**

부교감신경의 80%를 차지하는 미주신경은 자율신경계에서 가장 중요한 신경입니다. 이 미주신경에 부록처럼 따라오는 신경이 있는데, 바로 더부신경입니다. 미주신경은 열 번째 뇌신경, 더부신경은 열한 번째 뇌신경이며 뇌에서 빠져나와 중간에 미주신경에서 갈라져 나온 신경입니다. 코로나 후유증에 걸리면 미주신경에 염증이 생기면서 미주신경이 제 기능을 발휘하지 못하게 되고, 그 결과 부교감신경에도 이상이 생긴다고 앞에서 설명했습니다. 이로 인한 영향은 당연히 미주신경의 부록인 더부신경에도 미칩니다.

그리고 미주신경은 중추(뇌줄기)로 정보를 전달하는 구심성 감각신경과 뇌줄기에서 장기로 신호를 전달하는 원심성 운동신경으로 이루어져 있지만, 더부신경은 원심성 운동신경으로만 이루어져 있습니다.

만약 목과 어깨가 결리거나 등이 뻐근하다면 목빗근과 등세모근이 뭉친 것이 아닐지 의심해야 합니다. 이는 더부신경 기능에 이상이 생겼다는 신호이기 때문입니다. 팔과 허벅지의 근육은 스트레스를 받아도 뭉치지 않지만, 목과 어깨는 다릅니다. 뇌신경인 더부신경의 지배를 받는 근육인 등빗근과 등세모근과 관련된 부위이기 때문입니다.

스트레스로 미주신경 기능에 이상이 생기면 위장이 나빠지듯, 스트레스로 더부신경 기능에 이상이 생기면 목과 어깨가 결리거나 등이 뻐근해집니다.

목과 어깨와 등을 풀 때는 **찜질**이 효과적입니다. 목덜미를 따뜻하게 해 주면 목빗근과 등세모근의 긴장이 풀리면서 목과 어깨와 등도 시원해집니다. 그뿐만 아니라 코인두 주변의 혈액 순환이 좋아지면서 만성 코인두염 특유의 울혈도 해소됩니다.

· 목덜미를 따뜻하게 할 때는 찜질팩을 전자레인지에 데우거나 다 쓴 손난로를 재사용하는 등 다양한 방법이 있습니다.

뭉친 목을 풀어주는 찜질

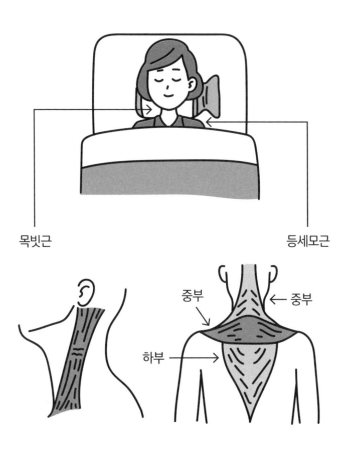

목빗근

등세모근

중부

중부

하부

제가 추천하는 물건은 흔히 찾아볼 수 있는 고무 재질의 보온 물주머니입니다. 물주머니에 뜨거운 물을 붓고 수건으로 감싼 다음 목덜미에 대고 똑바로 누운 채 5분 정도 있으면 목과 어깨가 많이 풀리고, 막혔던 코도 뚫립니다.

● 더운 날에도 목덜미는 차게 하지 않기

더운 여름, 목덜미에 아이스팩을 대고 있으면 당장은 기분 좋을지 몰라도 몸에는 좋지 않습니다. 뺨이나 이마는 차게 식혀도 괜찮지만, 목덜미만큼은 땀이 비 오듯 흐르는 무더위에도 차게 해서는 안 됩니다. 여름철에 에어컨을 쐬면서 목덜미를 차게 했다가는 몸살이 날지도 모르고 만성 코인두염이 심해질 수도 있습니다.

신경계의 막힌 흐름을 풀어주는 방법

● **기능성 신체 증후군 환자가 갑자기 걷지 못하게 된 이유와 가설**

84쪽에서 소개한 기능성 신체 증후군은 CT나 MRI 같은 검사로도 기질적인 이상이 발견되지 않는다는 특징이 있습니다. 그러나 환자들에게 공통 증상이 발견되는 만큼 무언가 원인이 있다는 점은 확실합니다.

　연구자들은 유력한 원인으로 뇌의 염증을 꼽지만, 저는 전부터 **신경계로 전달되는 힘(에너지)의 흐름에 문제가 생긴 게 원인**일지도 모른다고 의심해 왔습니다. 지금까지 진료한 기능성 신체 증후군 환자 중에는 조금 전까지 멀쩡했는데 갑자기 다리가 후들거리거나 몸에 힘이 빠지면서 제대로 걷지 못했다는 사람이 많았습니다. 마치 어떤 원인으로 전류가 끊어지면서 전기 자동차가 갑자기 멈춘 것처럼, 몸의 신경계를 흐르는 에너지가 무언가를 계기로 멈추어버린 것 같다고 저는 느꼈습니다. 그리고 이 환자들 역시 EAT를 받은 직후 어느 정도 증상이 호전되었습니다.

　의학 기술이 발전하면서 뇌 일부에 생긴 염증과 혈액의 흐름은 객관적으로 분석할 수 있지만, 신경계를 흐르는 에너지를 측정하는 기술은 안타깝게도 아직 존재하지 않습니다. 과학적 근거(Evidence)를 중시하는 지금의 의학계는 기계로 수치화하거나 영상 검사로 가시화할 수 없는 대상을 증거로 받아들이지 않습니다. 그렇기에 현대 의학에서는 정량화되지 않는 '신경계의 에너지'라는 개념 자체가 없는 거나 다름없습니다.

　한편, 서양 의학의 선진국인 독일에는 20세기에 파울 슈미트가 창시해서 발전시킨 파동의학이라는 학문이 있습니다. 현대 의학의 주류와 거리가 멀지만 흥미로운 분야이지요. 파동의학의 본질은 에너지로, 동양 의학의 '기(氣)'와 일맥상통합니다. 자연계에 존재하는 파동을 이용해서 몸에 흐르는 에너지가 어디서 막혔는지 알아내고, 이를 해소함으로써 흐름을 원래대로 가다듬는다는 내용의 학문입니다.

　이를 바탕으로 파동의학에서는 이 세상의 모든 존재는 고유한 파동을 가지고 있으며, 온몸에 있는 60조 개의 세포 하나하나에 '생명력을 부여하는 에너지'가 흐른다고 주장합니다. 동양 의학에서는 예로부터 이를 '기'라고 부르며 기의 흐름을 바로잡아 생명력을 활성화하는 방법을 추구해 왔습니다. 즉, 파동의학의 생명 에너지와 동양 의학의 기는 같은 개념입니다.

파동의학에 따르면 인체를 구성하는 장기와 신경에는 각각 고유의 주파수가 있는데, 세포가 발산하는 파동을 관찰하는 것이 진단의 기본입니다. 구체적으로는 공명 현상을 이용해서 주파수를 탐지하는 기계로 몸속에 흐르는 에너지가 막힌 부위를 찾아내는 방식입니다.

이전부터 기능성 신체 증후군 환자의 몸에는 신경계를 흐르는 에너지가 정체되어 있으리라고 생각했던 저는 파동의학이라는 개념을 접한 2017년부터 독일 파동의학 추진협회(https://vereinigung-schwingungsmedizin.de/)에서 추천하는 계측기로 기능성 신체 증후군 환자에게서 에너지가 막힌 부위가 있는지 조사해 왔습니다. 놀랍게도 지금까지 제 병원에서 EAT를 받은 1190명의 기능성 신체 증후군 환자를 검사한 결과, **코인두에서 에너지**

독일 파동의학의 진단 원리

세포를 채취해서 관찰하는 서양 의학과 달리
파동의학은 세포가 발산하는 파동을 관찰한다.

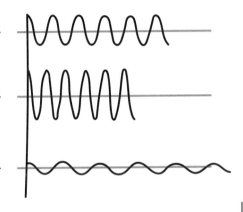

A 세포가 발산하는 파동

B 세포가 발산하는 파동

C 세포가 발산하는 파동

안테나가 수신하는 진동수를
세포가 발산하는 파동의 진동수에 맞춘다.
주파수 1~1000Hz

안테나

가 막힌 사람은 1174명(98.6%), 자율신경계에서 에너지가 막힌 사람은 1171명(98.4%)으로 매우 높은 비율을 차지했습니다.

이 수치가 실제로 증명된다면 에너지(기)의 정체를 해소하는 치료를 EAT와 병행함으로써 만성 피로 증후군을 비롯한 기능성 신체 증후군의 치료 효과를 높일 수 있을 것입니다. 이쯤에서 막힌 에너지의 흐름을 풀어주기 위해 현재 제가 시행하고 있는 침 치료, 따끔따끔 요법, 괄사 마사지를 소개하고자 합니다.

머리에 침을 놓는 침 치료

● 야마모토식 두침 치료

동양 의학에서는 살아있는 모든 생명에 흐르는 에너지를 '기'라는 개념으로 표현합니다. 기는 하나가 아닙니다. 운동, 성장, 면역, 방어, 대사, 유지, 치유, 사고, 기억 등 육체적·정신적 활동에는 저마다 기가 필요합니다. 동양 의학의 관점에서 만성 피로를 일으키는 체질은 기허, 신기허, 기체 이 셋으로, 다음과 같이 정의합니다.

- 기허(氣虛)는 기가 부족한 체질로, 특히 소화기 계통의 기능 저하와 관련이 있다.
- 신기허(腎氣虛)는 신체적·정서적·정신적·환경적 스트레스가 쌓이거나 강한 스트레스를 받아 몸이 무너져 내린 상태로, 아침에 일어나기 힘들 정도의 피로와 나른함을 느낀다.

- 기체(氣滯)는 기의 흐름이 막힌 상태로, 혈액 순환과 수분 대사에 영향을 미친다. 특히 냉증이나 결림과 관련이 있으며 피로와 기억력 저하로 이어진다.

이 중에서 제가 기능성 신체 증후군과 밀접한 관련이 있다고 생각하는 체질은 '**기체**'입니다. 기체의 원인은 과로, 수면 부족, 수분 부족입니다. 동양 의학에 따르면 대사로 생긴 열은 머리로 올라가는데, 혈액 순환이 나빠 발산하지 못한 열은 그대로 머리에 남게 됩니다. 그러면 뇌의 활동이 둔해지고 열 때문에 쉽게 조바심이 납니다.

평소 과로로 수분이 부족한 사람은 열을 식히지 못한 탓에 기체가 되기 쉬우며 잠을 충분히 자야 기체가 해소되는데, 수면이 부족하면 체질이 만성화됩니다. 기체 체질이 되면 자율신경 기능도 낮아지므로 자율신경 장애 증상도 나타납니다.

침술은 기체에 즉효를 보이는 치료입니다. 흐름이 막혔더라도 만성화되지 않았다면 혈에 침을 찌름으로써 빠르게 기의 정체를 해소할 수 있습니다. 그리고 피로, 나른함, 관절통, 근육통, 두통, 수면 장애 등 만성 피로 증후군의 대표 증상은 원래 침 치료가 큰 효과를 발휘하는 분야의 증상이기도 합니다.

　만성 피로 증후군, 코로나 후유증, 백신 후유증 등 기능성 신체 증후군 환자를 대상으로 검사를 해도 대부분은 이상이 발견되지 않습니다. 그런데 최근 만성 피로 증후군 환자와 건강한 사람을 대상으로 한 임상 연구에서 흥미로운 결과가 나왔습니다. 신경의 염증에 관여하는 미세아교세포를 비롯한 면역 세포가 활성화되었는지 알아보기 위해 양전자 방출 단층 촬영(PET)으로 뇌를 관찰했는데, 만성 피로 증후군 환자의 뇌에는 넓은 범위에 걸쳐 염증이 있었던 것이지요(참고문헌 16). 나아가 뇌의 ① 편도체, ② 해마(기억·우울 담당), ③ 시상하부의 염증과 만성 피로 증후군 증상의 상관관계도 밝혀졌습니다.

　안타깝게도 일반적인 검사로는 뇌의 염증 같은 이상이 검출되지 않기에 혈액 검사 등에서 염증 반응이 양성으로 나타나지는 않습니다. 하지만 뇌의 염증을 만성 피로 증후군의 치료 포인트로 볼 수는 있겠습니다.

　EAT 외에 뇌의 염증을 치료하는 수단으로 제가 주목한 방법은 바로 **야마모토식 두침 치료(YNSA)**라는 침술입니다. 일본의 의사 야마모토 도시카쓰가 50여 년에 걸쳐 독자적으로 개발한 YNSA는 머리의 혈에 침을 놓는 일반적인 침 치료와 달리 야마모토가 발견한 머리의 반사구(각 장기에 대응하는 신경이 밀집된 지점-옮긴이)를 침으로 찌른다는 특징이 있습니다(141쪽).

YNSA는 **통증**(두통, 목 통증, 어깨 통증, 요통 등)과 **자율신경계 이상**(현기증, 귀울림, 두근거림, 공황 장애, 기립성 조절 장애, 우울증, 손발 저림 등) 같은 증상에 대응해서 주로 머리의 혈을 찔러 즉시 효과를 볼 수 있는 치료입니다.

YNSA가 뇌의 염증에 어떤 영향을 미치는지는 아직 확실하지 않지만, 통증이 있는 어깨나 허리 대신 머리에 침을 놓는다는 점이 제게 매력적으로 다가왔습니다. 그래서 저는 YNSA를 활용한 침 치료로 성과를 거둔 요코야마 다이스케 선생님을 찾아가 EAT를 받아도 증상이 호전되지 않는 만성 피로 증후군과 코로나 후유증 환자에게 일주일에 한 번씩 YNSA를 중심으로 침 치료를 부탁했습니다.

두침의 치료 포인트와 뇌신경과의 연결고리

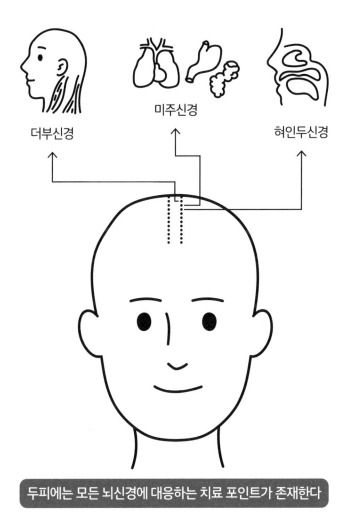

더부신경

미주신경

혀인두신경

두피에는 모든 뇌신경에 대응하는 치료 포인트가 존재한다

참고: 가토 나오야 외 지음, 『山元式新頭鍼療法の実践(야마모토식 두침 치료의 실천)』

● EAT로는 회복되지 않았던 악력이 일상에 지장이 없을 만큼 회복되다

27세의 공장 직원 C 씨. 2021년 9월 코로나 백신 2차 접종 이후 팔다리에 관절통이 생기고 두통, 나른함, 힘 빠짐, 목과 어깨 결림 등의 증상이 나타났습니다. 신경과와 정형외과에서 받았던 MRI에서도 이상은 발견되지 않았고, 마지막에는 척추성 관절염으로 진단받고 전문적인 치료를 받았습니다. 그러나 증상은 거의 호전되지 않았고, 결국 일까지 쉬게 된 C 씨는 증상이 나타난 지 1년이 지난 뒤에야 주치의에게 만성 코인두염과 관련이 있을지도 모른다는 진단을 받고 제 병원을 찾았습니다.

왼손잡이였던 C 씨는 오른팔에 백신을 맞았습니다. 처음 진료를 받았던 당시 오른손 악력이 34.5kg, 왼손 악력이 12.4kg으로, 왼손의 악력이 현저히 낮았습니다. 진찰 결과 극심한 만성 코인두염이 확인되었고, 일주일에 한 번씩 EAT를 받기로 했습니다.

이후 3개월 동안 EAT를 받으면서 피로, 나른함, 목과 어깨 결림은 해소되었지만, 왼손의 악력은 20.0kg까지밖에 회복되지 않았습니다. 휴직 기간이 끝나 직장에 복귀했지만, 주로 쓰는 왼손으로 힘쓰는 작업을 하다가 다시 악력이 떨어지면서 결국 일을 계속할 수 없는 지경에 이르렀습니다.

그런 C 씨에게 요코야마 선생님을 통해 YNSA를 비롯한 침구 치료를 시행한 결과, 놀랍게도 **한 번의 치료로 왼손의 악력이 18.6kg에서 28.6kg까지 회복되었습니다.** 그 뒤로도 힘쓰는 작업을 하면서 악력에 어느 정도 변동은 있었지만, EAT와 침 치료를 병행하면서 C 씨는 직무에도 일상에도 지장이 없는 하루하루를 보낼 수 있게 되었습니다.

자율신경을 조절하는 피부 자극

● 뇌신경외과 의사가 고안한 따끔따끔 요법

따끔따끔 요법, 또는 **무혈 자락**(刺絡, 혈 자리에 침을 놓아 소량의 혈액을 방출하는 방법-옮긴이) **요법**은 이름 그대로 피부를 따끔하게 자극했을 때 나타나는 **반사 작용으로 부교감신경을 활성화하는 자율신경 조절법**입니다. 일본의 신경과 의사 나가타 히로시 선생님이 독자적으로 고안한 치료이기도 합니다.

원래 통증은 교감신경을 자극하지만, 한순간 따끔한 자극은 뇌줄기(연수)의 반사 작용을 거쳐 부교감신경을 자극합니다. 따끔따끔 요법의 목표는 자극을 통해 몸의 자연 치유력을 끌어올리는, 즉 부교감신경을 활성화하는 것입니다. 통증으로 교감신경을 활성화하는 동시에 통증에 대한 반사 작용으로 부교감신경까지 활성화한다는, 매우 간단하면서도 독특한 치료이지요.

척수신경절에서 뻗어 나온 감각 뉴런의 지배를 받으며 30등분된 피부 감각 영역을 피부 분절이라고 하는데, 따끔따끔 요법은 뇌와 척수와 연결된 신경을 설명하는 피부 분절 이론을 바탕에 두고 있습니다.

따끔따끔 요법은 특히 다음과 같은 증상에 효과적입니다.

① 타박상·염좌·내출혈 등의 급성 통증

② 저림 증상이 나타나는 신경계 질환

③ 요통, 좌골 신경통을 동반하는 추간판 탈출증(디스크)과 이상근 증후군

④ 보행 장애를 동반하는 척추관 협착증과 이상근 증후군

⑤ 손과 팔의 저림과 통증(말초신경병증)

⑥ 무릎·엉덩이관절(고관절)·목의 통증, 목 결림, 오십견

나가타 선생님도 만성 피로 증후군과 코로나 후유증 환자에 대한 따끔따끔 요법의 효과를 설명한 바 있습니다.

따끔따끔 요법은 침 치료처럼 원칙적으로 침구사를 비롯해 의사와 치과 의사처럼 국가 자격이 있는 의료인이 해야 하지만, 방

법을 이해하고 올바른 도구를 사용한다는 전제하에 일반인도 자기 몸에 안전하게 실천할 수 있습니다. 따끔따끔 요법만의 장점이라고 할 수 있지요. 그래서 이를 저는 '**셀프 따끔 요법**'이라고 부릅니다.

● 따끔따끔 요법의 도구

일단 피부를 자극하는 도구가 필요하겠지요. 주변에 흔한 다 쓴 볼펜이나 이쑤시개도 좋습니다. 한 개만 써도 되고 여러 개를 고무줄로 묶어서 사용해도 됩니다.

'앗, 따가워!' 하고 느끼면서도 피는 나오지 않을 세기로 찌르는 것이 포인트입니다. 찔렀을 때 움푹 들어간 자국이 남을 정도로 혈 자리를 꾹 누르면 됩니다. 만성 피로 환자는 ① 머리, ② 얼굴, ③ 목·어깨, ④ 손톱을 눌러 줍시다.

● 머리의 셀프 따끔 요법

코로나 후유증이나 만성 피로 증후군에 걸리면 부신에서 분비되는 코르티솔의 양이 줄어드는데, 머리의 혈 자리를 찌르면 뇌의 부교감신경계가 자극받아 시상하부-뇌하수체-부신 계통이

머리의 셀프 따끔 요법

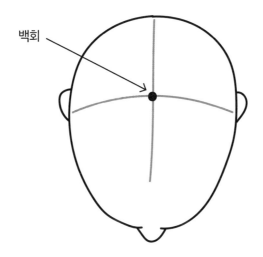

백회

백회를 중심으로 40~50번,
둥글게 자극한다.

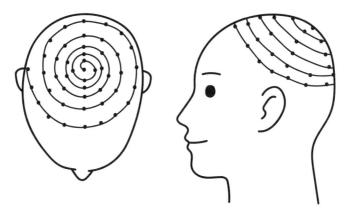

참고: 나가타 히로시 지음, 『自分でできるチクチク療法(혼자서도 할 수 있는 따끔따끔 요법)』

활성화됩니다.

백회를 중심으로 둥글게 40~50번씩 자극을 줍니다. 백회는 정수리에 있는 혈로, 두 귀에서 수직으로 올라온 선과 뒤통수 가운데와 코에서 올라온 선(정중선)이 만나는 점입니다.

백회는 동양 의학에서 중요하게 다루는 혈이기도 한데, 온몸의 기가 흐르는 경락이 교차하는 지점이기 때문입니다. 예로부터 백회를 침으로 찌르면 자율신경계 이상에 효과가 있으며 특히 코막힘, 눈의 피로, 어깨 결림, 불면증, 현기증, 저혈압, 피로, 두통, 변비, 치질 등에 효과가 있다고 알려졌습니다.

● 얼굴의 셀프 따끔 요법

얼굴 피부는 뇌신경 중 삼차신경의 지배를 받는 부위입니다. 얼굴을 자극하면 미주신경을 자극할 때처럼 삼차신경을 거쳐 신호가 뇌줄기에서 대뇌로 전달되고, 그 결과 자율신경계를 비롯한 뇌의 기능이 활성화됩니다.

얼굴에서 자극할 부위는 오른쪽 그림과 같습니다. 따끔따끔 요법을 창시한 나가타 선생님에 따르면, 한 번 할 때 40~50군데

얼굴의 셀프 따끔 요법

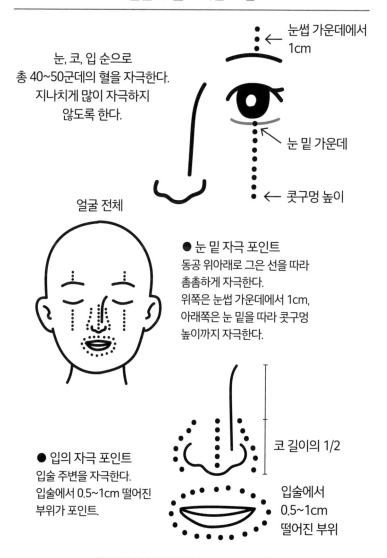

눈썹 가운데에서 1cm

눈 밑 가운데

콧구멍 높이

눈, 코, 입 순으로
총 40~50군데의 혈을 자극한다.
지나치게 많이 자극하지
않도록 한다.

얼굴 전체

● 눈 밑 자극 포인트
동공 위아래로 그은 선을 따라
촘촘하게 자극한다.
위쪽은 눈썹 가운데에서 1cm,
아래쪽은 눈 밑을 따라 콧구멍
높이까지 자극한다.

코 길이의 1/2

● 입의 자극 포인트
입술 주변을 자극한다.
입술에서 0.5~1cm 떨어진
부위가 포인트.

입술에서
0.5~1cm
떨어진 부위

참고: 나가타 히로시 지음, 『自分でできるチクチク療法(혼자서도 할 수 있는 따끔따끔 요법)』

의 혈을 자극하는 것이 좋다고 합니다.

● 목과 어깨의 셀프 따끔 요법

만성 피로를 호소하는 환자들은 대부분 목과 어깨가 뭉쳐 있습니다. 미주신경에 염증이 있으면 미주신경에서 갈라져 나온 더부신경에도 문제가 생기므로 당연히 더부신경의 지배를 받는 목빗근과 등세모근의 이상으로 목과 어깨가 결립니다.

EAT는 미주신경도 자극하지만, 미주신경의 원심성 운동신경에서 갈라져 나온 더부신경의 지배를 받는 목빗근과 등세모근의 결림을 풀어주는 데도 효과적입니다. 한편, 따끔따끔 요법은 **자극이 척수를 거쳐 뇌줄기의 중추로 전달되면 중추에서 일어나는 반사 작용으로 더부신경이 자극되는 원리**로 목과 어깨의 결림을 풀어줍니다.

피부 분절을 자극하면 목과 어깨가 풀립니다. 목빗근 가운데 뒤에 있는 천창(天窓)이라는 혈은 동양 의학에서 어깨 결림을 푸는 데 특히 효과가 있다고 알려져 있습니다.

목과 어깨의 셀프 따끔 요법

A와 A'는 목 결림, B와 B'는 어깨 결림, C와 C'는
어깨뼈 사이의 결림을 풀어주는 자극 부위다.
각 부위를 둥글게 넓혀가며 꼼꼼하게 자극해 준다.

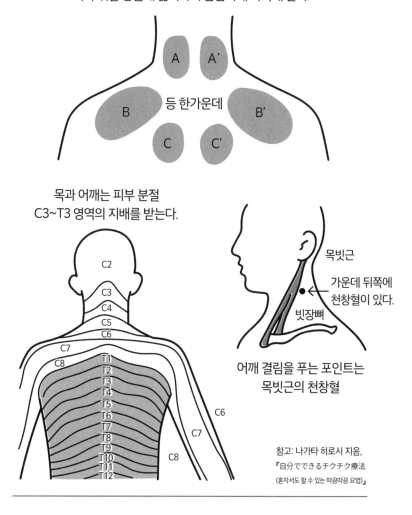

목과 어깨는 피부 분절
C3~T3 영역의 지배를 받는다.

목빗근

가운데 뒤쪽에
천창혈이 있다.

빗장뼈

어깨 결림을 푸는 포인트는
목빗근의 천창혈

참고: 나가타 히로시 지음,
『自分でできるチクチク療法
(혼자서도 할 수 있는 따끔따끔 요법)』

손톱의 셀프 따끔 요법

손톱 뿌리 양쪽 끝에서 2mm 떨어진 부위(정혈)에 엄지손가락
바깥쪽부터 차례대로 볼펜 끝처럼 뾰족한 도구로 세게 누른다.
각 부위를 한 번씩 꾹 누르기만 해도 충분하다.

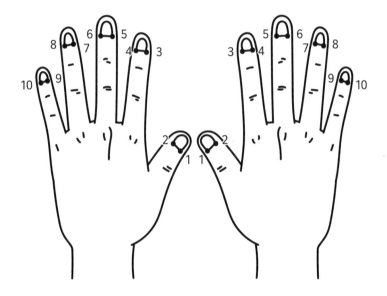

참고: 나가타 히로시 지음, 『自分でできるチクチク療法(혼자서도 할 수 있는 따끔따끔 요법)』

● 손톱의 셀프 따끔 요법

따끔따끔 요법의 장점은 부교감신경을 활성화한다는 점인데, 그 중에서도 특히 수족 냉증이 있는 분께는 손톱 자극 치료를 추천합니다. 이때 자극할 위치는 양손 손톱 뿌리에 있는 정혈(井穴)입니다.

아사미 데쓰오 박사의 정혈 자락 요법은 **정혈을 자극해서 점상 출혈을 일으켜** 신경 반사를 유도함으로써 지나치게 활성화된 자율신경을 억제하는 방법입니다. 그러나 나가타 선생님이 고안한 따끔따끔 요법은 점상 출혈을 일으키지 않고 자극만으로 정혈 자락 요법과 같은 효과를 얻을 수 있습니다.

이렇게 손톱을 자극하면 부교감신경 반응이 유도되어 손의 혈액 순환이 좋아지는데, 경험상 차가운 손이 곧바로 따뜻해지는 환자도 꽤 있었습니다.

● 따끔따끔 요법의 메커니즘

36쪽에서 뇌의 염증은 미세아교세포가 활성화된 결과라고 설명했는데요, 만성 피로 증후군의 연관 질환인 섬유근육통에 걸리면 뇌에 생긴 염증과 비슷하게 척수에 염증이 생긴다는 사실이 최근 섬유근육통 모델 마우스를 이용한 연구로 밝혀졌습니다.

 미세아교세포는 중추신경인 뇌와 척수에 있는 면역 세포입니다. 뇌와 척수가 건강하면 미세아교세포는 가늘고 긴 돌기를 움직여 주변 환경에 이상이 없는지 감시합니다. 한편, 미세아교세포는 뉴런(신경세포)에 이상이 생겼을 때도 활성화해 신경세포에 해로운 염증성 물질(예: 염증성 사이토카인)을 만들거나 때로는 보호인자를 만드는 양면성이 있습니다. 동시에 미세아교세포는 뇌에 남아 있는 이물질과 죽은 세포의 잔해를 먹어 치워 제거하는 세포이기도 합니다.

 스트레스를 받으면 무의식적으로 근육이 긴장되어 근육의 감각신경이 과도하게 활성화되는데, 이 반응이 척수로 전달되면 척수의 미세아교세포가 활성화되면서 척수에 염증이 생긴다는 사실이 위 연구로 밝혀졌습니다. 그리고 이렇게 활성화된 미세아교세포는 척수가 지배하는 신경 영역에 통증을 일으킨다는 사실도 증명되었습니다(참고문헌 17).
 즉, 근육에서 지나치게 활성화된 감각신경을 억제할 수 있다면 척수에서 활성화된 미세아교세포를 억제해서 통증을 없앨 가능성도 기대해 볼 만한 셈입니다.

따끔따끔 요법은 통증의 반사를 이용해서 신경의 지배 영역(피부 분절) 내 근육의 긴장을 풀어주는 방법입니다. 다시 말해 **피부 분절의 근육에서 감각신경이 지나치게 활성화되지 않도록 억제**한다는 뜻입니다. MRI와 혈액 검사에서는 근육과 관절에서 염증이 발견되지 않았는데도 통증을 호소하는 환자에게 따끔따끔 요법이 효과를 발휘하는 배경에는 이러한 메커니즘이 숨어 있을지도 모릅니다.

피의 흐름을 좋게 하는 괄사 마사지

● 미세혈관의 순환을 방해하는 어혈을 풀어주는 치료

동양 의학에서는 '혈액 순환에 문제가 생겨 기능을 원활하게 수행할 수 없는 상태' 또는 '혈액 순환이 정체된 상태'를 **어혈**이라고 합니다. 현대 의학에서 쓰는 표현으로 옮기면 '미세혈관 순환에 이상이 생긴 상태'라고 할 수 있습니다.

염증 물질이 섞여 탁해진 혈액인 어혈은 한번 혈관에 고이면 풀리지 않아 혈액 순환을 방해합니다. 이 때문에 노폐물을 회수하고 산소와 영양분을 운반하는 모세혈관의 작용에 문제가 생기므로, 통증과 함께 각종 컨디션 불량을 일으키고 혈관내피세포의 활동을 방해하는 주범으로 지목받습니다.

코로나바이러스-19에 감염되면 바이러스의 스파이크 단백질이 혈관내피세포에 상처를 입혀 미세 혈전을 일으킨다는 사실이 밝혀졌습니다. 코로나 백신을 접종해도 스파이크 단백질이 몸 안에서 대량으로 만들어지므로 코로나바이러스에 감염되었을 때와 같은 현상이 일어납니다. 코로나 후유증과 백신 후유증의 증상이 유사한 이유 역시 이와 관련이 있을지도 모릅니다.

따라서 **정맥혈 순환, 미세혈관 순환, 혈관내피세포의 활동이 정상화**되려면 어혈을 제거해야 합니다.

서양 의학에는 어혈이라는 개념이 없기에 서양 의학만을 의료의 근거로 삼는 의사들에게는 생소할 것입니다. 그러나 어혈은 일부 질환에서 나타나는 특징적인 증상이 아니라 건강의 토대가 무너졌을 때 나타나는 보편적인 현상입니다.

즉, 제대로 된 효과를 보려면 어혈을 제거해서 건강의 토대를 확실하게 바로잡은 뒤에 치료에 들어가야 합니다. 그리고 어혈이 몸 상태를 악화시키는 원인이라면 이를 제거하는 것이야말로 치료의 본질이며 증상을 호전시키는 열쇠입니다.

만성 코인두염은 코인두에 어혈이 생긴 상태입니다. 환자가 EAT를 받은 직후 시야가 맑아지거나 목이 시원해지는 등 증상이 호전되었다고 느끼는 이유는 코인두의 어혈이 풀리면서 치료 효과가 나타났기 때문입니다.

● 한 번만 받아도 효과가 나타나는 괄사 마사지

괄사는 중국의 전통 민간요법으로, 수 세기에 걸쳐 다양한 건강 문제를 고치는 데 활용되어 온 방법입니다. 환자의 피부에 오일을 바르고 둥근 도구로 지압하는 마사지인 괄사는 국내에서는 주로 얼굴과 몸의 부기를 완화하고 피부의 탄력을 개선하는 효과로 알려져 있습니다.

저 역시 코로나 후유증과 백신 후유증을 비롯한 만성 피로 증후군 환자에게 괄사 마사지를 하고 있습니다. 침구사 조 소노코 선생님이 고안한 **JS 괄사**는 전용 도구로 피부를 꾹 눌러 문지르는데, 미용을 목적으로 한 일반적인 괄사 마사지와 달리 어혈을 풀어주는 효과가 뛰어나다는 장점이 있습니다.

괄사(刮痧)는 2500년 전부터 중국에서 내려온 민간요법으로, '괄(刮)'은 긁다, '사(痧)'는 고여 있는 피(어혈)를 가리킵니다. EAT는 코인두에 고여 있는 국소적인 어혈을 풀어주지만, 괄사는 온몸에 생긴 어혈을 풀어줍니다.

제가 괄사 마사지에 관심을 가진 계기는 IgA 콩팥병 환자가

"지인이 코로나 후유증에 걸려 EAT를 여러 번 받았는데, 괄사 마사지를 한 번 받고서 만성 피로 증후군 증상이 눈에 띄게 좋아졌다더라"라며 들려준 이야기였습니다.

흥미가 생긴 저는 부랴부랴 괄사에 관한 자료를 모았고, 다음과 같은 내용을 확인할 수 있었습니다. ① **코로나 후유증에 유효할 가능성이 있고, ② 동양 의학에서 기가 순환하는 통로인 경락이 막히지 않도록 풀어주어 기가 원활하게 흐를 수 있게 해주며, ③ 미국 하버드대학교에서 진행한 동물 실험 결과, 괄사 마사지가 피부 안쪽 모세혈관의 출혈을 일으켜 항산화 작용을 하는 헴 산소화효소 1(Heme oxygenase-1)을 생산한다**는 과학적 근거가 증명되었다는 내용이었지요(참고문헌 18).

괄사 마사지를 받고 나면 피부밑 출혈 자국(괄사 자국)이 남을 뿐, 몸에 심각한 영향을 주는 부작용은 없습니다. '환자에게 불이익이 없는 한 긍정적인 요소는 전부 임상에 활용한다'를 신조로 삼은 저는 곧장 JS 괄사의 창시자인 조 선생님께 가르침을 청했고, EAT의 효과가 충분히 나타나지 않는 만성 피로 증후군 환자의 치료에 괄사 마사지를 도입했습니다.

실제로 진료에 도입해 보니 괄사 마사지는 즉시 효과를 보였는데, 몸, 특히 등이 가벼워졌다는 환자가 많았습니다. 개중에는 EAT를 포함해서 지금까지 받아 본 치료 중 가장 효과를 체감했다는 환자도 있었습니다.

EAT는 꾸준히 받으면 효과가 커지지만, 괄사 마사지는 여러 번 받지 않아도 몸에 고여 있는 어혈을 확실하게 제거합니다. 괄사 마사지를 한 번 받고 나서 또 어혈이 생기더라도 꾸준히 마사지를 받을 필요는 없습니다. 저도 직접 괄사 마사지를 받아봤는데, 처음 마사지를 받고 나니 목에서 등까지 마사지를 받은 부위에 보기 흉한 괄사 자국이 남더군요. 하지만 한 달 뒤에 똑같이 마사지를 받았을 때는 괄사 자국의 범위가 1/3로 줄었습니다. 이는 저뿐만 아니라 마사지를 받은 환자 모두 같았습니다. 어혈을 제거하기 위해 정기적으로 마사지를 받으려는 분은 한 달에 한 번꼴로 받으면 되겠습니다.

● 통증도 없고 금방 사라지는 괄사 자국

괄사 자국은 겉보기에는 매우 흉하지만 눌러도 아프지 않습니다. 자국 자체도 수일에서 일주일 정도면 사라집니다. 이는 어딘

괄사 마사지 자국의 추이

마사지 직후

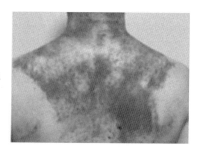

2일 후

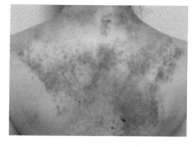

4일 후

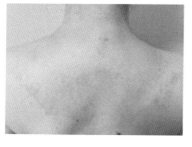

시간이 지나면서 괄사 마사지로 생긴
피부밑 출혈(괄사 자국)의 적혈구가 분해되면서
노란 헤모시데린(혈철소)의 형태로 흡수된다.

가에 부딪혀서 생기는 내출혈과 원리가 다르기 때문이지요. 가느다란 혈관이 파열되면서 생기는 내출혈과 달리 괄사 자국은 모세혈관에서 새어 나온 혈액이 비친 흔적입니다. 부딪혀서 피부밑 출혈이 생기면 조직이 으스러지거나 세포가 붕괴하므로 그 부위를 누르면 아프지만, 괄사 자국은 조직의 손상이 없으므로 눌러도 아프지 않습니다.

● 크래시 현상에 주의하기

앞에서 설명했다시피 만성 피로를 앓기 전에는 아무렇지 않았을 수준의 신체적·정신적 활동만으로 갑자기 나른함이 심해지는 현상을 크래시라고 합니다. 크래시를 일으키면 상당한 피로와 나른함뿐만 아니라 사고력 저하, 수면 장애, 목 통증, 두통 등의 증상도 함께 나타납니다.

이러한 피로는 몸을 움직인 직후에도 나타나지만, 수 시간에서 수일 뒤에 나타나기도 합니다. 다시 컨디션을 되찾는 데 수일에서 수 주, 어쩌면 그보다 더 걸리기도 하며, 심각하면 밖에 나가기 힘들어하거나 집에 가만히 누워 일어나지 못하는 사람도 있습니다. 현재까지 원인은 밝혀지지 않았습니다.

제 병원을 찾은 외래 환자 중에도 부부싸움을 했다거나 정원의 잡초를 뽑았다거나 반려견과 산책하는 등 사소한 계기로 크래시를 일으킨 분이 많습니다.

이처럼 크래시를 겪은 환자에게도 EAT는 효과가 있지만, EAT 자체가 크래시의 원인이 될 가능성도 있습니다. 저는 지금까지 EAT를 받고 크래시를 일으킨 증례를 본 적이 없고, 아마 일본에서 하루에 가장 많이 EAT를 하고 있을 다나카 야사키 선생님도 지금까지 그런 증례는 없었다고 합니다. 하지만 EAT를 받고 크래시를 겪었다고 SNS에 올리신 분도 있으므로 극히 드물게나마 EAT가 크래시를 일으킬 수 있다고 생각하는 편이 타당하겠습니다.

한편, 크래시는 EAT보다 괄사 마사지에서 자주 나타날 가능성이 있습니다. 지금까지 제가 진료한 환자 중에는 괄사 마사지를 받고 가벼운 크래시 상태에 빠진 환자도 있었는데, 이들은 모두 마사지 직후 증상이 눈에 띄게 좋아졌다가 다음날 크래시를 일으켰습니다. 몸 상태가 확연히 좋아진 덕에 평소보다 많이 움직인 것이 원인일지 모릅니다.

다만, 적어도 마사지의 통증 때문에 크래시가 나타났을 가능성은 없어 보입니다. 앞에서 소개한 따끔따끔 요법은 이름대로 약간 아프기는 해도, 만성 피로 증후군과 코로나 후유증을 비롯해 지금까지 7000명이 넘는 환자에게 따끔따끔 요법을 해온 나가타 히로시 선생님에 따르면 따끔따끔 요법을 받고 크래시를 일으킨 증례는 한 번도 없었다고 합니다. 괄사 마사지 역시 시술 중에는 약간 아프긴 하지만 EAT나 따끔따끔 요법보다는 훨씬 덜합니다.

그렇다면 괄사 마사지와 크래시 사이에는 어떤 연관성이 있을까요?

저는 **젖산이 둘 사이의 연결고리**라는 가설을 생각하고 있습니다. 힘주어 마사지했을 때 생기는 자국에서도 쉬이 상상할 수 있는데, 몸이 안 좋은 환자는 특히 넓은 범위에 피부밑 출혈(괄사 자국)이 생깁니다. 피부밑 출혈의 성분인 적혈구에는 젖산이 풍부하므로 괄사 자국에는 대량으로 방출된 젖산이 존재한다는 뜻이지요. 실제로 마사지를 받고 2시간 뒤에 혈액 속의 젖산 수치를 측정하면 마사지를 받기 전보다 젖산 수치가 두드러지게 높습니다.

젖산을 피로의 원인으로 생각하던 시대가 있었던 것처럼 급격하게 방출된 젖산이 간접적으로나마 크래시에 영향을 미쳤을지도 모릅니다. 만약 정말로 그렇다면 젖산의 분해를 자극하는 시트르산을 마사지 전후에 섭취하면 크래시 예방에 도움이 될 것입니다. 그래서 저는 이를 염두에 두고, 환자에게 치료 전후 시트르산이 풍부하게 들어 있는 매실장아찌를 먹으라고 권합니다.

증례가 더 모이기 전까지는 단언할 수 없지만, 크래시의 위험성은 어혈을 확실하게 제거하는 치료법인 괄사 마사지가 해결해야 할 과제일 수도 있습니다. 하지만 한편으로는 괄사 마사지를 받고 일어난 크래시 자체가 만성 피로의 본질을 나타내며, 그 원인을 규명하면 만성 피로 증후군의 병태가 밝혀지리라는 기대를 품고 저는 치료에 임하고 있답니다.

● 스스로 해도 안전한 머리 괄사 마사지

괄사는 도구만 있으면 누구나 할 수 있는 간단한 마사지입니다. 다양한 종류의 제품이 시장에 나와 있으며, 생활용품점에서 파는 저렴한 제품도 혼자서 할 때는 충분합니다.

피부 마사지와 달리 머리에는 유분이 있으므로 머리 마사지를 할 때는 오일이 필요하지 않습니다. 시원한 정도의 세기로 머리 전체를 괄사 도구로 북북 문지르면 되며, 특히 정수리와 목덜미 사이를 충분히 문질러 주어야 합니다.

머리에는 괄사 자국이 나지 않습니다. 따라서 머리를 마사지했을 때 나타나는 효과는 어혈이 제거된 결과이기도 하지만, 머리에 있는 림프액이 원활하게 흐르고 YNSA나 따끔따끔 요법을 받았을 때처럼 정수리의 혈이 자극받은 영향이기도 합니다. 그리고 머리에만 괄사 마사지를 받으면 크래시 현상을 일으킬 우려도 없습니다.

부교감신경을 활성화하는 화온 요법

● 심부 체온을 올리는 효과

화온 요법은 60도의 건식 사우나에서 몸을 따뜻하게 하는 요법으로, 데이 주와 가고시마대학 명예교수님이 중증 만성 심부전을 치료하기 위해 1989년 고안했습니다.

실내 온도를 60도로 맞춘 건식 사우나에 15분 동안 들어가 있으면서 심부 체온이 0.5~1.0도 오르면 효과를 유지하기 위해 담요로 몸을 감싸고 30분 동안 침대에 누워 있으면 됩니다. 그리고 끝난 뒤에는 흘린 땀만큼 수분을 보충합니다. 심부 체온이 0.5~1.0도 올라간다는 부분이 안전하고 부작용 없는 치료 효과의 핵심입니다.

화온 요법은 혈관 기능을 개선하고 혈관을 확장해서 혈관 저항을 낮춤으로써 혈액 순환을 원활하게 하며 그로써 각 장기 세포에 필요한 영양분과 산소를 공급하는 효과가 있습니다. 그야말로 손쉽게 부교감신경을 활성화하는 치료라고 할 수 있습니다.

그뿐만 아니라 **혈관 내피 기능 강화, 혈관 신생, 항동맥경화** 등의 효과가 있으며, 이를 다양한 임상 분야에 응용할 수 있기에 수많은 난치성 질환의 치료와 예방에도 유용한 방법입니다.

지금까지의 임상 연구로 심부전과 폐색성 동맥경화에 대한 치료 효과가 있다는 증거가 확보되었으며, 2020년 4월부터 일본에서는 심부전 치료로 화온 요법을 받았을 때 보험이 적용되도록 바뀌었습니다. 그리고 보험 적용 대상은 아니지만, **만성 피로 증후군, 만성적인 통증, 각종 갱년기 증상, 냉증, 우울감, 불면증, 근육통, 관절통, 요통, 어깨 결림, 교통사고에 따른 통증과 저림** 등 폭넓은 증상에 효과를 발휘하는 치료이기도 합니다.

앞에서 소개한 EAT, 침구술, 따끔따끔 요법, 괄사 마사지와 달리 화온 요법은 '통증이 전혀 없는 치료'입니다. 저는 만성 피로가 있든 없든 손발이 찬 환자에게는 화온 요법을 권합니다. EAT처럼 눈에 띄는 효과는 없어도 만성 피로가 특히 심한 환자에게는 시도해 볼 가치가 있는, 안전한 치료법이기 때문입니다.

부교감신경을 활성화하는 화온 요법

① 60도로 설정한 건식 사우나 치료실에서 온몸을 15분 동안 덥힌다.

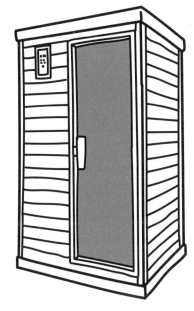

② 사우나로 덥힌 몸을 담요로 감싸고 30분 동안 침대에 누워 있는다.

※ '화온 요법'은 등록된 상표이며 홋타 오사무 클리닉에서는 약간 변형을 거쳐 '온유(溫癒) 요법'이라는 이름으로 시행하고 있습니다.

● 집에서 몸을 데우는 세 가지 방법

부교감신경을 활성화하고 싶을 때는 몸을 따뜻하게 하는 것이 특히 중요합니다.

샤워보다 목욕이 좋지만, 피로가 심해질 우려가 있어 몸을 푹 담그지 못하는 만성 피로 환자도 많습니다. 그런 분들도 ① **반신욕**, ② **족욕**, ③ **찜질**이라면 집에서 간단하게 몸을 데울 수 있습니다. 몸에 무리가 가지 않는 선에서 시도해 보시길 바랍니다.

혀의 스트레스를 해소하는 교합 치료

● 교합이 우리 몸에 미치는 영향

음식물을 씹어서 잘게 부수고 침과 섞어 목구멍으로 부드럽게 넘기기 쉬운 덩어리로 만드는 이의 작용은 모두가 알 테지요. 하지만 이의 맞물림(교합)이 몸에 어떤 영향을 미치는지 아는 사람은 의사 중에서도 소수에 불과합니다.

지금으로부터 20여 년 전, 인지 기능이 낮고 휠체어를 타고 다니던 노인 여성이 새 틀니를 낀 뒤로 갑자기 또렷한 목소리로 가족과 대화하고 일어나 걸어 다니게 된 영상을 연구 모임에서 본 기억이 있습니다. 그 영상을 감명 깊게 본 저는 치과 치료에도 흥미를 품게 되었습니다.

전문가인 치과 의사는 제대로 맞물리는 치아가 얼마나 중요한지 잘 알겠지만, 지금부터 설명할 이의 맞물림이 혀에 스트레스를 주는 원인이며 몸에도 영향을 미친다는 사실을 아는 치과 의

사는 얼마 없습니다.

● 혀가 뇌에 미치는 엄청난 영향

혀의 작용은 ① 지각, ② 미각, ③ 운동 이 세 가지입니다.

이 중에서 지각, 즉 혀에 발생한 감각을 파악해서 뇌에 전달하는 신경은 혀 앞쪽 2/3를 담당하는 혀신경(삼차신경의 가지)과 뒤쪽 1/3을 담당하는 혀인두신경입니다. 참고로 미각을 지배하는 신경은 혀 앞쪽 2/3를 담당하는 고실끈신경(얼굴신경의 가지)과 뒤쪽 1/3을 담당하는 혀인두신경이며, 혀의 운동을 지배하는 신경은 혀밑신경입니다.

혀의 지각 기능은 매우 예민한데, 신체 부위를 대뇌 겉질의 감각 영역에 대응시킨 펜필드의 뇌 지도에 따르면 혀는 입술과 함께 손가락 다음으로 넓은 면적을 차지합니다. 혀의 감각이 뇌에 엄청난 영향을 미친다는 사실을 입증하는 자료이지요(오른쪽).

● 혀가 받는 스트레스란

혀의 지각이 예민하다는 말인즉슨 혀가 약간만 자극받아도 온몸에 미치는 영향이 크다는 뜻입니다. 그러므로 혀가 자주 스트

혀의 스트레스

펜필드의 뇌 지도

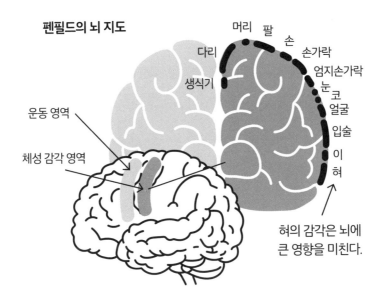

머리 팔 손
다리 손가락
생식기 엄지손가락
눈
코
운동 영역 얼굴
입술
체성 감각 영역 이
혀

혀의 감각은 뇌에
큰 영향을 미친다.

이가 혀에 닿으면 혀는 스트레스를 받는다

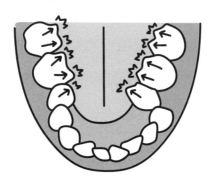

참고: 안도 마사유키 지음, 『原因不明の体の不調は「舌ストレス」だった(원인 불명 증상은 혀의 스트레스 때문)』

레스를 받게 되면 삼차신경과 혀인두신경을 통해 뇌로 스트레스 신호가 전달되고, 이에 대한 반사 작용으로 온몸의 신경계, 즉 자율신경계도 영향을 받습니다. 결과적으로 **혀가 스트레스를 받으면 목과 어깨의 결림, 두통, 현기증, 나른함, 피로, 초조함, 무기력증 등 자율신경 증상이 일어납니다.**

이처럼 혀가 스트레스를 받는 원인은 **치아가 주는 자극**입니다. 이가 안쪽(혀 쪽)으로 향하거나 혓바늘이 생기면 혀는 계속 스트레스를 받게 됩니다.

● 혀의 스트레스를 제거하는 치과 치료

이런 환자들은 혀 쪽으로 자란 이나 뾰족한 이를 수십 마이크로미터(㎛) 깎아내어 혀의 스트레스를 덜어주어야 합니다. 혀를 자동차, 치아로 둘러싸인 부위를 차고에 비유하면 차고 벽에서 안쪽으로 튀어나온 장애물을 제거해서 자동차(혀)가 차고(입안)에 상처 없이 들어갈 수 있도록 해주는 치료라고 할 수 있습니다.

저는 **혀 스트레스 제거**를 목적으로 치과 치료를 하는 안도 마사유키 선생님을 병원에 초청해서 환자들에게 **안도식 교합 치료**를 하고 있습니다. 저도 안도 선생님께 치료를 받아봤는데, 이를 수십 마이크로미터씩 깎아냈지만 전혀 아프지 않았습니다. 당시 저는 목이 심하게 뭉쳐 있었는데, 치과 의자에 누워 치료를 받는 동안 솔직히 효과가 있을지 반신반의했습니다. 하지만 치과 치료를 받는 도중 이를 깎아내는 쪽의 목이 가벼워지기에 상당히 놀랐습니다. 안도 선생님에 따르면 특히 목 결림에 효과가 좋다고 합니다.

● EAT로도 풀리지 않던 목 결림, 어깨 결림, 등 통증을 줄여주는 교합 치료

55세의 D 씨는 30대 때부터 요통을 앓았고, 10년 전부터는 궤양성 대장염도 나타났습니다. 약 1년 전부터 요통과 두통뿐만 아니라 목에서 등까지 통증이 심해지면서 걷기조차 힘들어졌습니다. 대학 병원에서는 엉치엉덩관절(천장관절) 기능 부전과 섬유근육통이라는 진단을 받았습니다. 신경 주사를 맞아도 증상은 거의 나아지지 않았고, 인두염이 겹치면서 만성 인두염과의 연관성이 의심되어 제 병원을 소개받았다고 합니다. 처음 진료했을 때 만성 코인두염을 발견한 저는 다른 증상도 호전되리라고 기대하며 EAT를 진행했습니다.

EAT를 시작한 지 1년이 지난 뒤에는 궤양성 대장염이 사실상 완치되어 약물 치료를 할 필요가 없어졌습니다. 두통도 사라졌고, 온몸의 통증도 많이 없어지면서 지팡이를 짚고 걸어 다닐 만큼 회복되었습니다. 하지만 요통과 목·어깨의 결림, 등의 통증은 여전했습니다.

저는 D 씨를 처음 진료할 때부터 느꼈던 바가 있었습니다. D 씨는 약 10년에 걸쳐 치과에서 교정을 받아왔다고 했지만, 위턱과 아래턱이 잘 맞물리지 않았고 고개가 왼쪽으로 기울어져 있었습니다. 혹시 병태가 혀의 스트레스와 관련되지 않았을까 생각한 저는 안도 선생님께 교합 치료를 받아 보자고 D 씨를 설득했습니다.

치료 효과는 그야말로 극적이었습니다. **교합 치료를 받은 직후 목의 결림이 사라졌고, 한쪽으로 기울었던 고개도 똑바로 교정되었습니다.** 일주일 차에는 고개가 30% 정도 다시 기울었지만, 몇 주 동안 간격을 두고 총 세 번 교합 치료를 받으면서 **목 결림은 처음의 20%, 어깨 결림은 50%까지 해소되었고 다시 심해지지 않았습니다.** 교합 치료를 받고 D 씨의 움직임이 급격히 부드러워졌다는 점이 매우 인상적이었습니다.

치료를 받아도 허리와 등의 통증은 여전했지만, 이 치료를 경계로 **D 씨의 표정은 밝아졌습니다.** 혀의 스트레스가 사라지면서 정신적으로도 안정을 되찾았을지 모릅니다.

● 올바른 이의 맞물림은 건강의 토대

책의 주제인 만성 피로에 안도 선생님의 교합 치료가 얼마나 효과가 있을지 지금으로서는 미지수이지만, 목과 어깨를 풀어주는데 효과적이라는 사실은 확실합니다. 저는 음식을 먹다가 실수로 혀나 입술을 씹는 바람에 구내염으로 번진 적도 있었지만, 안도식 교합 치료를 받은 뒤로는 그런 일이 전혀 없어졌습니다. 그리고 혀가 입안에 편안하게 놓였구나 하고 치료를 받은 지 반년이 지난 지금도 실감하고 있습니다.

우리는 모두 살기 위해 음식을 먹어야 하고, 건강한 치아든 틀니든 음식을 꼭꼭 씹어먹을 이가 있어야 건강의 토대를 지킬 수 있습니다. 그리고 이는 꼭꼭 씹는 것도 중요하지만, 혀에 스트레스를 주어서도 안 된다는 교훈을 교합 치료 덕에 배웠답니다.

혈액 순환을 돕는 미네랄 소금물

● 만성 피로를 부르는 염분 부족

이전부터 만성 피로의 원인으로 염분 부족을 지적하는 주장은
꾸준히 제기되어 왔습니다. 최근에는 코로나 후유증에 걸리면
부신의 기능이 떨어진다(부신 피로)는 결과도 보고되었는데, 부신
의 기능이 떨어지면 소듐(나트륨)이 오줌과 함께 몸 밖으로 배출
되므로 염분이 부족한 상태가 됩니다.

편도염처럼 감염으로 미열이 있는 환자는 염증성 질환의 지표
로 이용되는 C 반응성 단백질(C-reactive protein, CRP) 검사 결과가
양성으로 나타나며, 손을 만져보면 체온보다 뜨겁습니다. 코로
나 후유증, 백신 후유증, 만성 피로 증후군 환자도 만성적인 미
열을 호소하는데, 역시 환자의 체온을 측정하면 37도의 미열이
있습니다. 그런데 염증 반응이 음성이고 손을 만져봐도 뜨겁기

느커녕 차가운 환자도 종종 있습니다. 이는 우리 몸에 흐르는 에너지인 열이 손발까지 전달되지 못하고 몸 중심부에 머물러 있다는 뜻입니다.

그리고 만성 피로를 호소하는 환자, 그중에서도 젊은 여성 환자는 수축기 혈압이 100 미만으로 떨어질 만큼 낮게 나오기도 합니다. 보통 혈압은 남성보다 여성이 낮은데, 코로나 후유증, 백신 후유증, 만성 피로 증후군에서도 이러한 차이가 반영되어 환자의 성비가 남성보다 여성이 높은 것인지도 모르겠습니다.

소금물 요법은 손과 발까지 피가 원활하게 순환하도록 개선하고, 지나치게 낮은 혈압을 올리는 간단한 셀프 케어입니다. 물에 소금을 타서 마시기만 하면 되지만, 아무 소금이나 써서는 안 됩니다. 공장에서 정제한 정제염(염화 소듐 99.5%)이 아니라 **망가니즈와 포타슘 같은 미네랄이 함유된 천일염**이어야 합니다.

인간의 몸을 이루는 성분 중 60%가 수분입니다. 하루 동안 소변과 대변으로 1.6L, 호흡과 땀으로 0.9L, 총 2.5L의 수분이 몸 밖으로 배출됩니다. 따라서 매일 2.5L의 수분을 보충해 주어야 하는데, 식사에는 1L의 수분이 포함되어 있고 몸속에서는 0.3L

의 수분이 만들어지므로 건강한 사람도 남은 1.2L는 직접 마셔야 합니다.

피를 깨끗하게 하려면 물을 자주 마셔야 한다는 말을 종종 듣습니다. 정부와 각종 기관에서도 건강을 위해 물을 마시자는 캠페인을 벌이고 있습니다. 하지만 물을 아무리 마셔도 세포외액(세포와 세포 사이에 존재하는 수분이자 부종의 근원)만 늘어날 뿐, 피가 깨끗해지지는 않습니다. 그뿐만 아니라 물을 지나치게 많이 마시면 물 중독이 되어 저체온증과 부종이 생길 우려도 있습니다. 피가 깨끗해지려면 세포내액과 혈관에 수분이 많아야 하는데, 이를 돕는 성분이 바로 삼투압의 요소인 염분입니다.

사회생활이든 공부든 스포츠든 교감신경이 활성화되어야 활동을 잘할 수 있습니다. 그런데 염분이 부족하면 교감신경이 활성화되지 않습니다. 염분이 부족해지면 편안하다기보다 멍한 상태에 가까워지며, 만성 피로도 마찬가지입니다. 교감신경을 활성화하는 물질은 소듐, 부교감신경을 활성화하는 물질은 미네랄이므로 미네랄이 들어 있는 천일염을 물에 타서 마시길 권장합니다.

대부분 소듐으로 이루어진 정제염과 달리 천일염에는 다양한 미네랄이 균형 있게 들어 있으므로 적정량을 섭취하면 건강에 좋습니다.

● 혈압이 정상이라면 문제없다

소금물 요법은 물과 함께 미네랄이 들어 있는 천일염을 섭취하는 간단한 방법입니다.

천일염을 녹인 소금물의 농도는 0.1~0.2%인데, 500mL짜리 페트병에 천일염 1g을 녹이면 0.2%가 됩니다. 보통 0.2%의 소금물 정도는 마셔도 문제가 없지만, 너무 짜다면 0.1%로 낮춥시다. 그렇게 물 대신 하루에 1~1.5L씩 소금물을 마시면 됩니다. 저는 원칙적으로 농도를 0.1%로 정하며, 혈압이 지나치게 낮은 환자에게는 0.2%의 소금물을 권합니다.

특히 일어난 직후와 자기 전에 마시는 게 좋습니다. 그러나 자다 깨서 몇 번씩 화장실에 가는 분은 자기 전에 마시면 안 됩니다.

한국인을 대상으로 진행한 소금 민감도 조사에 따르면 고혈압 환자의 약 52%가 염 감수성(섭취한 소듐양에 따라 혈압이 오르는 특성)을 보였습니다. 마찬가지로 일본인 역시 약 50%가 소금 민감도

가 높게 나타났습니다. 반대로 소금 민감도가 낮으면 소금을 섭
취해도 혈압이 오르지 않습니다. 소금 민감도가 높아 고혈압 치
료를 받는 환자는 소금물 요법을 피해야겠지만, 제 소견으로는
소금 민감도가 높아도 현재 혈압이 정상이라면 0.1%의 소금물
은 문제없다고 생각합니다.

고혈압 환자뿐만 아니라 심장 기능이 낮아 이뇨제를 복용 중
인 환자나 투석 치료를 받는 만성 콩팥병 환자 역시 소금물 요
법은 피해야 합니다.

● 꾸준히 마시면 몸 상태도 좋아진다

일반적으로 만성 콩팥병 환자는 염분 섭취를 자제해야 합니다.
단백뇨가 나오는 만성 콩팥병 환자는 몸에서 노폐물을 걸러 오
줌으로 내보내는 토리가 손상되어 있으므로 건강을 위해서는
토리가 받는 압력을 낮추어 부담을 줄여야 합니다. 그러려면 염
분 섭취를 자제하는 것이 중요합니다. 그러나 단백뇨가 음성이고
콩팥 기능이 비교적 정상인 만성 콩팥병 환자는 천일염 0.1%의
소금물을 마셔도 문제없습니다.

혈액 순환을 개선하는 소금물 요법

① 0.5~1g

미네랄이 함유된 천일염

물 500mL

천일염

② 하루에 1~1.5L를 마신다.
특히 일어난 직후와 자기 전에는
잊지 않고 마신다. → 저혈압이 개선된다.

신장내과 의사로서 다양한 증상의 만성 콩팥병 환자를 진료할 기회가 있었던 저는, 염분을 엄격하게 제한했다가 도리어 증상이 나빠진 만성 콩팥병 환자도 종종 봤습니다. 한때 일본 신장학회에서는 만성 콩팥병 환자의 혈압이 낮을수록 좋다는 풍조가 있었던 만큼 그 영향을 받은 환자도 많았으리라고 생각합니다. 이처럼 과도한 염분 제한으로 콩팥 기능이 나빠진 환자들이 앓는 콩팥 질환은 하나같이 단백뇨가 없습니다. 즉, 콩팥병은 오줌을 만드는 토리가 아니라 토리와 연결된 두꺼운 혈관이 손상되어 나타나는 셈인데, 염분 섭취를 지나치게 제한하면 콩팥의 토리로 향하는 혈류량이 감소하고 맙니다.

세계보건기구에서는 하루 소금 섭취량을 5g 넘지 않도록 권장하고 있으며, 한국영양학회에서 제정한 '한국인영양섭취기준'도 이와 동일합니다. 이는 정제염을 기준으로 산출한 수치입니다. 0.1% 소금물 1.5L라면 염분이 1.5g, 0.2%라면 3g이니 염분을 너무 많이 섭취하는 게 아닌지 걱정하는 분도 있을 터입니다. 하지만 앞에서 설명했다시피 특별한 기초 질환이 없다면 **만성 피로 환자가 하루에 10g 정도 천일염을 먹을 시 오히려 몸 상태가 좋아집니다.**

음식으로 아연, 마그네슘, 비타민D 보충하기

● 만성 피로 환자의 3/4이 아연 부족

아연은 몸을 구성하는 세포의 여러 기능과 밀접한 관련이 있는 영양소입니다. 대뇌 둘레계통의 해마와 편도체가 기억과 감정에 중요한 역할을 할 수 있는 이유도 아연이 풍부하기 때문입니다. 대한민국 전 국민의 27%가 아연 섭취량이 부족한 것으로 나타났으며, 일본 역시 이와 비슷하게 전 국민의 20~30%가 아연 부족에 시달리는 것으로 집계되었습니다.

제 병원을 찾은 만성 피로 증후군, 코로나 후유증, 백신 후유증 환자의 3/4이 기준치인 80mg/dl을 밑돌았습니다. 아연 결핍이 심하면 시중에 판매되는 아연 보충제나 아연 성분이 함유된 위장 영양제만으로는 충분치 않으므로 **아세트산 아연**이 함유된 보충제를 복용하길 권합니다.

만성 피로를 해소하려면 영양소를 섭취하라

①

환자의 3/4이 아연 부족!

②

시금치 등 잎채소

아보카도

견과류

두부

정어리·연어·고등어 등

마그네슘이 부족한 만성 피로 환자는 아연 결핍 환자에 비하면 매우 적지만, 마그네슘은 신경전달물질의 생성에 관여하므로 부족하면 불안과 우울로 이어집니다.

마그네슘은 아연보다 식사로 보충하기 쉬운 영양소입니다. **시금치 같은 잎채소와 아보카도, 견과류, 치아시드, 콩류, 통곡물, 두부, 연어와 고등어 같은 생선**에 많이 들어 있습니다.

한편, 만성 피로 증후군 환자 중에는 비타민D가 부족한 사람이 많다는 지적도 이전부터 제기되었습니다(참고문헌 19). 비타민D는 **정어리, 연어, 청어 등 생선**에 많습니다.

만성 피로에 걸리면 비타민D나 아연, 마그네슘 같은 필수 미네랄이 부족해지기 쉽습니다. 여러분이 느끼기에 영양이 부족하다면 보충하는 게 좋습니다.

치유를 도와주는 긍정적 사고

● 자연 치유력을 끌어내는 방법

만성 피로 증후군은 마음의 병이 아닙니다. 하지만 **환자가 어떻게 생각하느냐에 따라 낫는 병이기도 합니다.**

저는 지금까지 많은 만성 피로 증후군 환자를 진료해 왔는데, 코로나 후유증과 백신 후유증처럼 발병의 계기가 뚜렷하지 않은 사례를 포함해서 만성 피로 증후군이 나타난 환자들 사이에 공통된 성격이나 사고방식은 없었습니다.

코로나 백신 접종이 막 시작되었던 당시 '쉽게 불안해하는 사람은 부작용이 심하게 나타난다'라는 설이 있었습니다. 하지만 이는 백신을 맞고 실신하는 등 미주신경 반사가 강하게 나타난 사례가 와전되었을 뿐, 백신 후유증에 해당하는 것은 아닙니다.

한편, 만성 피로 증후군, 코로나 후유증, 백신 후유증을 치료하려고 EAT를 받아도 좀처럼 호전되지 않는 환자들에게는 공통된 사고방식이 있었습니다. 바로 **무엇이든 부정적으로 받아들이는 습관**입니다.

이들은 자신의 몸 상태뿐만 아니라 가족, 직장, 사회까지 부정적으로 받아들였습니다. 이런 사고방식이 증상의 호전에 나쁜 영향을 미친다는 점은 뇌의 기능 장애가 원인인 만성 피로 증후군만의 특징입니다.

가령 제 전문 분야인 IgA 콩팥병은 면역 이상 때문에 생기는 질환인데, 병이 좀처럼 낫지 않는다면 면역 이상의 원인인 병소 감염을 찾아내지 못했거나 입으로 숨 쉬는 등의 생활 습관이 문제일 수는 있어도 환자의 사고방식 때문은 아닙니다.

EAT를 비롯해서 책에서 소개한 여러 치료법은 환자의 **자연 치유 능력을 높이는 방법**일 뿐, 해로운 세포를 사멸시키거나 부족한 영양소를 외부에서 보충하는 방법은 아닙니다. 본인의 자연 치유 능력을 살려서 뇌의 기능 장애를 회복하는 치료법에 부정적인 사고방식은 금물입니다. 환자의 자연 치유 능력을 끌어내는 데 방해가 되니까요.

● 기와 자유로운 정신

E 씨는 코로나 백신 2차 접종 이후 만성 피로 증상이 나타났습니다.

"지금까지 EAT를 50번이나 받았는데 아직도 만성 피로 때문에 힘들어요. 사실 안 맞고 싶었는데 주변에서 다들 백신을 맞기에 분위기에 떠밀려서 접종하러 갔거든요. 정말 제가 한심해요. 이렇게 힘들 줄 알았으면 백신을 맞고 과민성 쇼크로 죽었어야 했는데……."

어느 날 E 씨는 진료실에서 울음을 터뜨리며 괴로운 심정을 털어놓았습니다.

E 씨의 말에서 백신을 맞은 것에 대한 후회와 영영 낫지 않는 게 아닐까 하는 불안, 그리고 분위기에 떠밀려 스스로 희생한 자신을 불쌍히 여기는 자기연민의 감정이 비쳤습니다.

백신을 맞고 부작용이 나타난 만큼 부정적인 생각이 드는 것도 당연하지만, 너무 지나치면 병도 잘 낫지 않습니다. E 씨는 그 전형적인 사례입니다.

E 씨는 과거에 대한 후회와 미래에 대한 불안으로 가득 차 정작 중요한 현재를 바라보지 못하고 '자유로운 정신'을 잃어버린 상태입니다.

자기 자신을 불쌍히 여기다 못해 스스로 눈엣가시처럼 생각하는 상태를 자기연민이라고 하는데, 자기연민이 지나치면 마음에 족쇄가 채워지면서 자유로운 정신을 키우지 못하게 됩니다. 활력의 근원인 자유로운 정신을 잃어버리면 몸도 쇠약해지고 맙니다.

활력의 '활(活)'은 살아있는 생명, '력(力)'은 기력 혹은 에너지를 뜻합니다. 따라서 활력은 '생명을 살아있게 하는 에너지', 즉 인간의 생명력 그 자체라고 할 수 있습니다.

처음 내원했을 때 심각한 만성 코인두염이 발견되어 이후 EAT를 꾸준히 받으면서 코인두염은 좋아졌지만, 다른 증상은 나아지지 않는 환자들은 아무리 시간이 지나도 활력이 회복되지 않습니다. 어떠한 원인으로 만성 피로 증후군에 걸려도 활력이 충만하면 금방 낫습니다. 다시 말해 생명 에너지인 기가 회복되면 만성 피로 증후군도 치료되기 쉽다는 뜻입니다.

기공, 한약, 식사 요법, 보충제 등 항간에는 기를 회복하는 여러 방법이 떠돌지만, 저는 **자유로운 정신을 키워야 한다**고 생각합니다. 마음의 족쇄에서 풀려나 후회와 불안에 사로잡히지 않는 '자유로운 정신'이야말로 **건강의 토대**이자 기를 회복하는 좋은 방법입니다.

자유로운 정신과 함께 오늘을 즐기며 살아간다면 병이 좀처럼 낫지 않아 괴롭더라도 다시 돌아오지 않을 오늘이라는 하루를 자기 것으로 만들 수 있습니다. 그런 하루를 좀먹는 것이 바로 후회와 불안, 그리고 무의식적으로 만들어 낸 마음의 족쇄입니다. 부정적인 감정이 커지면 자유로운 정신을 잃고 과거에 대한 후회와 미래에 대한 불안에 소중한 오늘을 빼앗기는 바람에 하루를 헛되이 보내게 됩니다. 언젠가 끝이 다가올 인생의 귀중한 하루를 헛되이 날리면 아깝지 않을까요?

후회와 불안으로부터 자신을 감싸고 무의식적으로 만들어 낸 마음의 족쇄를 푸는 방법을 익힌다면, 자유로운 정신도 지킬 수 있습니다. 그 방법이 바로 '양전(陽轉) 사고', 즉 **긍정적 사고**입니다.

● 긍정적 사고

긍정적 사고란 부정적인 상황 속에서 긍정적인 일면을 찾아내는 사고방식입니다. 다음 일화로 긍정적 사고를 알아볼까요?

* * *

옛날 중국에 효심 깊은 두 아들을 슬하에 둔 어머니가 살았습니다. 어머니는 무한한 사랑으로 두 아들을 키웠지요. 어른이 된 두 아들은 각각 우산 장수와 짚신 장수가 되었습니다.

다 자랐다지만 자식들이 염려스러웠던 어머니는 맑은 날이면 우산이 팔리지 않을까봐 우산 장수 아들을 걱정했고, 비가 오는 날이면 사람들이 밖을 돌아다니지 않는 바람에 짚신이 팔리지 않을까봐 짚신 장수 아들을 걱정했습니다. 매일같이 아들들을 생각하며 식사도 제대로 하지 못한 어머니는 점점 야위어갔습니다.

그런 어머니를 보다 못한 마을의 어르신은 이렇게 말했습니다.

"맑은 날에는 짚신이 잘 팔리니 기쁘고, 비 오는 날이면 우산이 잘 팔리니 기쁘지 않소?"

그 말을 듣고 맑은 날이든 비 오는 날이든 기쁜 마음으로 보낼 수 있게 된 어머니는 웃음과 식욕을 되찾고 다시 건강해졌답니다.

* * *

긍정적 사고를 익히려면 몇 단계를 거쳐야 합니다. 첫 번째 단계는 **현재 상황을 올바르게 받아들이는 것**입니다.

앞서 소개한 중국의 일화 속 두 아들의 어머니는 '맑은 날에는 우산이 팔리지 않고, 비가 오는 날에는 짚신이 팔리지 않는' 상황에 초점을 맞추었습니다. 하지만 '맑은 날에는 짚신이 잘 팔리고, 비가 오는 날에는 우산이 잘 팔린다'라는 또 다른 상황을 간과했지요. 부정적인 일면만 눈에 들어왔던 것입니다. 현재 상황을 올바르게 받아들이려면 여러 각도에서 상황을 보고 다면적으로 생각해야 합니다.

● 긍정적인 면을 찾는 습관을 들여라

두 번째 단계는 **긍정적인 면 찾기**입니다. 좋은 일이든 나쁜 일이든 하나의 사실로 받아들이고, 그다음에는 나쁜 일에서 좋은 면을 찾아내는 것이지요. 중국 일화 속 어머니가 어르신에게 그 힌트를 얻고 상황을 긍정적으로 받아들였듯이요.

E 씨의 상황을 보자면 ① 주위의 압력에 떠밀려 백신을 맞았고, ② 백신 접종 후 몸 상태가 나빠졌으며, ③ EAT를 꾸준히 받아도 증상이 호전되지 않는 등 나쁜 일만 가득한 것처럼 보입니다.

그렇다면 여기서 긍정적인 면을 찾아볼까요?

① 주위의 압력에 떠밀려 백신을 맞았다

이번 경험을 통해 E 씨는 스스로 곰곰이 생각하지 않고 미디어나 주변 사람들이 말하는 대로 행동하는 것이 얼마나 위험한지 교훈을 얻었을 테지요. 비단 백신 접종뿐만 아니라, **이해되지 않는 일이 있다면 스스로 이해할 때까지 여러모로 알아본 다음 최종적으로는 자신의 의지로 책임감 있게 행동해야 한다는 사실을 배웠다면** E 씨가 앞으로 살아가는 데 도움이 될 것입니다.

② 백신 접종 후 몸 상태가 나빠졌다

몸이 안 좋아진 뒤로 하루하루가 고통스러웠을 E 씨를 생각하면 안타까울 따름입니다. 백신을 맞고 심근염이나 거미막밑출혈이 생겨 최악의 경우 젊은 나이에 세상을 떠난 사람도 있습니다. 세포가 사멸하는 심근염, 뇌출혈과 달리 백신 후유증인 만성 피로 증후군은 세포 자체가 괴사하지는 않는 기능성 질환으로, 충분히 치료할 수 있습니다. 당장은 고통스럽고 막막하더라도 **죽지 않길 잘했다**고 생각할 날이 올 겁니다.

③ EAT를 꾸준히 받아도 증상이 호전되지 않는다

EAT를 50번이나 받았는데도 증상이 호전되지 않는다면 물론 마음이 꺾일 법도 합니다. E 씨는 병원을 처음 찾았을 당시 심각한 만성 코인두염을 앓고 있었습니다. 50번의 EAT를 받고도 여전히 면봉에 피가 묻어 나온다면 아직 EAT로 만성 코인두염을 치료할 여지가 있다는 뜻입니다. 코인두염뿐만 아니라 **E 씨의 다른 증상 역시 충분히 나을 수 있습니다.**

E 씨는 증상이 호전되지 않는 상황에 불안해했지만, **두통과 목 결림처럼 EAT를 받으면서 사라진 증상도 있습니다.** 면역계나 자율

신경계와 밀접한 관련이 있는 코인두는 건강의 핵심인데, **백신을 맞고 몸이 나빠졌기에 만성 코인두염이 발견되었다**고도 볼 수 있지 않을까요? 그리고 의학 서적에도 실리지 않은, 존재조차 모르는 의사도 많은 EAT를 스스로 알아보고 **실제로 행동에 나선 E 씨의 용기**는 칭찬받아 마땅합니다.

이처럼 자신에게 닥친 상황에서 긍정적인 일면을 찾는 습관을 들이다 보면 자연스레 긍정적 사고를 할 수 있게 됩니다.

● 긍정적인 면에 라벨을 붙이고 포장하라

과거에 일어난 일을 후회하다 보면 자유로운 정신을 키울 수 없습니다. 불쾌한 기억이 불쾌한 감정과 함께 파도처럼 수없이 밀어닥치면서 마음이 쇠약해지는 경험이 있는 독자분들도 있겠지요.

이는 후회의 원인인 과거의 사건을 불쾌한 기억으로 뇌에 보관했기 때문입니다. 그러니까 불쾌했던 기억 속에서 긍정적인 일면을 찾아내어 '좋았던 일'이라는 라벨을 붙이고 포장해서 보관해야 합니다.

단순히 라벨만 붙이는 게 아니라 포장도 중요합니다. 포장하면

한 발짝 떨어져서 바라볼 수 있기 때문입니다. 좋았던 일이라고 라벨을 붙이고 포장해서 넣어두면 다시 상자를 열고 내용물을 꺼내 볼 필요도 없어지고, 불쾌한 기억에서도 해방됩니다.

● 불안을 떨쳐내라

발목을 붙잡던 과거에서 해방되더라도 미래에 대한 불안이 남아 있습니다.

"몸은 대체 언제쯤 좋아지는 걸까?" 하며 앞날이 막막하고 불안해서 마음에 병이 든 만성 피로 증후군 환자도 많습니다.

한편, 제 병원을 찾는 외래 환자 중에는 선천적인 장애가 있거나 교통사고로 다리를 잃고 휠체어 생활을 하면서도 웃음을 잃지 않는 분들도 있습니다. 심지어 여생이 얼마 남지 않았는데도 언제나 밝아 보이는 4기 암 환자도 있습니다.

대체 왜 이런 차이가 생기는 걸까요?

분명 심각한 질병인지 아닌지에 따라 결정되는 문제는 아닙니다. 중요한 것은 역경이 닥쳐도 자유로운 정신을 유지하는가입니다.

그렇다면 역경 속에서 불안을 떨쳐내는 자유로운 정신은 어떻게 지킬 수 있을까요?

그 정답은 **웃음**이라고 생각합니다. **자유로운 정신이란 역경 속에서도 웃을 수 있는 정신이니까요.**

● 웃음으로 아픔을 날려 보내라

몸이 나른하거나 통증이 느껴지는 등 일어나자마자 몸이 안 좋다며 호소하는 환자도 많습니다.

그렇지만 몸이 안 좋아도 일단 웃음과 함께 하루를 시작해 보세요. **아침에 일어나 1분 동안 소리 내어 웃어 봅시다.**

일부러 웃는 웃음도 뇌에서 희로애락을 담당하는 편도체에 자극으로 작용합니다. 편도체가 자극받으면 도파민, 세로토닌, 옥시토신, 엔도르핀처럼 몸과 마음에 좋은 뇌 내 물질이 분비되고, 스트레스 호르몬인 코르티솔의 분비가 억제됩니다.

그뿐만 아니라 웃음은 혈관에도 좋은 영향을 미칩니다. 웃으면 혈관 안쪽의 내피세포가 늘어나면서 혈관이 확장되어 혈류량이 증가합니다. 혈압이 내려가고 스트레스 호르몬 분비가 줄고 근육이 이완되는 등 웃음에는 다양한 효과가 있답니다.

만성 피로 증후군 환자는 종종 통증의 부위와 정도가 달라지기도 합니다. 이 통증은 진행 암, 류머티즘 관절염, 대상포진처럼 세포의 파괴나 염증으로 인한 통증과 크게 다른 부분이 있습니다. 바로 **웃을 때는 아픔이 느껴지지 않는다**는 점입니다.

　흥미롭게도 만성 피로 증후군과 유사한 증상과 함께 몸 여기저기가 아픈 섬유근육통 환자 역시 웃을 때만큼은 아픔을 느끼지 않았습니다.

　암 통증, 관절염, 신경의 염증(예: 대상포진)은 해당 부위의 염증이 원인이므로 웃음으로 완화할 수 없습니다. 하지만 만성 피로 증후군과 섬유근육통의 통증은 뇌의 오작동 때문이므로 웃음이 뇌에 작용하면 오작동이 멈춥니다.

　저도 매일 환자를 진료하면서 비슷한 경험을 한 적이 있습니다. 팔다리에 불수의운동이 생기는 기능성 신체 증후군 환자에게 소리 내어 웃어 보라고 권했더니 웃고 나서 한동안은 환자에게 불수의운동이 나타나지 않았습니다. 이 역시 웃음의 힘으로 뇌의 오작동을 멈춘 사례입니다.

　뇌의 오작동과는 관련이 없지만, 일본인 2만 명의 건강 검진

데이터를 바탕으로 웃음의 빈도와 사망·질병의 위험률을 분석한 야마가타대학의 연구에 따르면 거의 웃지 않는 사람은 잘 웃는 사람보다 사망률이 약 2배 높았고, 뇌졸중과 심혈관 질환의 발병률도 높게 나타났습니다. 정말 웃음의 힘은 놀라울 따름입니다(참고문헌 20).

● 햇빛으로 생체 시계를 초기화하라

아침에 일어나 웃을 때는 커튼이 쳐진 어두운 방이 아니라, 커튼을 걷고 방으로 들어오는 햇빛을 받아야 더욱 효과적입니다.

뇌의 솔방울샘에서 분비되는 멜라토닌은 수면 호르몬으로, 생체 시계에 작용해서 자연스러운 수면을 유도하는 물질입니다. 일어나서 햇빛이 처음 눈에 들어오고 14시간이 지나서야 멜라토닌이 분비됩니다. 눈에 햇빛을 담아 멜라토닌의 규칙적인 분비를 유도하면 생체 시계를 조절할 수 있다는 뜻이지요.

만성 피로 증후군 환자는 잠들기 어려워하거나 도중에 깨는 등 수면 장애로 힘들어합니다. 따라서 망가진 생체 시계를 초기화해야 하는데, 아침마다 햇빛을 받아 멜라토닌이 분비되지 않도록 해주어야 합니다.

하루를 마치고 잠자리에 들 때 역시 멜라토닌이 중요합니다. 수면을 유도하는 호르몬인 멜라토닌은 주변이 밝으면 잘 분비되지 않습니다. 따라서 잠들기 2시간 전부터 서서히 조명을 낮추어 수면을 유도하는 환경을 만들어야 합니다. TV, 컴퓨터, 스마트폰 등 스크린에서 나오는 블루라이트는 멜라토닌 분비를 억제하므로 밤에는 가능한 한 전자기기를 사용하지 않는 편이 좋습니다.

그리고 비타민D가 부족하면 만성 피로 증후군으로 이어지는데, 자외선이 포함된 햇빛을 받으면 이 비타민D가 합성됩니다. 하루에 10~20분씩 햇빛을 받으면 비타민D가 몸에 필요한 만큼 합성된다고 합니다.

● 불안을 쫓아내는 고마운 마음

하루를 마무리하며 잠자리에 들 때 해야 할 일이 있습니다. 바로 하루를 돌아보며 긍정적인 면을 찾고 **고마워하는 것**입니다.

치료의 경과가 더딘 코로나 후유증이나 백신 후유증, 만성 피로 증후군 환자는 모두 심한 불안을 안고 있습니다. 그리고 자기 자신을 돌아보기에 바빠 마음에 여유가 없는 분들도 많습니다.

치유력을 끌어내는 긍정적 사고

앞서 소개한 E 씨처럼 자기연민에 빠진 분도 많지요. 고마워하는 마음은 이런 상황을 떨쳐내는 데 도움이 됩니다.

고마운 마음을 가장 많이 키울 수 있는 시간이 바로 누워서 잠들 때까지입니다. 잠자리에 누워 오늘 하루 동안 어떤 좋은 일이 있었는지 돌아봅시다.

'오늘도 무사히 넘겼다.'

'어제보다 몸이 급격히 나빠지는 일은 없었다.'

'오늘도 학교에는 못 갔지만, 친구와 통화했다.'

'편의점 점원이 친절했다.'

사소한 일상에서 긍정적인 면을 찾다 보면 자연스레 고마운 마음이 떠오릅니다. 불안은 고마움을 꺼립니다. 고마운 마음이 커지면 불안은 설 곳을 잃고 쫓겨나듯 사라집니다. **미래가 모두 자기 마음처럼 되지는 않겠지만, 지금 여러분이 생각하는 미래보다는 훨씬 즐거울지도 모른답니다.**

● 기운이 있어도 '전력의 절반'만 내기

마지막으로 만성 피로 증후군 환자가 빠지기 쉬운 함정을 알아보겠습니다.

자연스럽게 긍정적으로 생각하다 보면 태도가 긍정적으로 변하면서 활동량도 점점 늘어납니다. 건강한 사람은 그리 문제가 없지만, 만성 피로 증후군 환자는 걸릴지 모르는 함정이 있습니다. 바로 95쪽에서 소개한 크래시 현상입니다. 열심히 몸을 움직인 뒤 갑자기 나른함과 피로가 심해지는 현상인데요.

이를 예방하려면 **'전력의 절반'**만 내야 합니다. 컨디션이 좋아서 아직 여유로워 보일 때도 한계의 절반 정도에서 자제하는 사고방식이지요. 근성과 기세는 만성 피로 증후군 환자에게 독이 될 뿐입니다.

* * *

책을 마무리하기 전에, 마지막으로 다음 장에서 만성 피로에서 해방된 환자들의 사례를 소개하려 합니다. 같은 증상을 앓다가 해방된 사람들의 이야기를 통해 자신도 분명 회복될 날이 오리라고 믿는 긍정적인 에너지가 전해지면 좋겠습니다.

제 3 장

고통스러운
만성 피로에서
해방된 사람들

백신 접종 증후군이 나아 직장에 복귀했어요

● 32세 여성, 회사원 F 씨

F 씨는 코로나 백신 2차 접종 이후 나른함, 힘 빠짐, 두통, 전신 통증이 나타났고, 시간이 지나도 회복되지 않았습니다. 회사에서 업무를 보기도 힘들어졌고, 결국 집에서 온종일 누워 지낼 만큼 상태가 악화했습니다.

대학 병원 신경과에서 MRI 검사를 받아 봐도 이상은 발견되지 않았습니다. 급기야 의사에게 "백신을 부정적으로 생각한 탓에 상태가 나빠졌을지도 모르겠군요", "우울증이 의심되니 정신건강의학과에서 상담을 받아 보세요"라는 말을 듣고 막막해진 F 씨는 백신 후유증일 가능성을 염두에 두고 지자체의 상담 창구를 방문했습니다. 그러나 지자체에서도 관련 의료 기관을 소개하거나 치료법을 제시하지 못했고, F 씨의 고민은 더욱 깊어졌습니다.

인터넷에서 EAT를 받고 백신 후유증이 나은 사례를 발견한 F 씨는 남편의 부축을 받아가며 편도 2시간 거리에 있는 제 병원을 찾았습니다.

진찰실에 들어선 F 씨는 휠체어를 타고, 선글라스를 끼고 있었습니다. 혼자 힘으로 일어설 수 없을 뿐만 아니라 눈이 부셔 앞을 제대로 보지 못하는 증상 때문에 실내에서도 선글라스를 껴야 하는 상태였습니다. 진찰 결과 F 씨는 심각한 만성 코인두염을 앓고 있었습니다. EAT를 받고 눈부심과 두통이 나은 F 씨는 일주일에 한 번씩 EAT를 받기로 했습니다.

두 번째로 병원을 찾았을 때도 휠체어를 타고 있었지만, 선글라스는 끼지 않았습니다. 치료 3회 차에는 지팡이를 짚고 **혼자서 통원할 수 있을 만큼 회복되었습니다. 두통과 전신 통증과 힘 빠짐은 다섯 번째 EAT 이후 거의 사라졌으며, 지팡이도 짚지 않게 되었습니다. EAT를 열 차례 받을 때쯤에는 나른함도 처음의 20% 정도로 줄었고, 이후로도 조금씩 좋아졌습니다.** 저기압일 때는 몸이 안 좋아지는 등 날씨에 따라 달라지는 불안정한 면도 있었지만, **EAT를 받으면서 F 씨는 4개월 만에 직장에 복귀할 만큼 회복되었습니다.**

HPV 백신을 맞고 몸이 나빠졌는데 다시 학교에 나가게 되었어요

● **16세 여성, 고등학생 G 양**

G 양은 2021년 여름에 자궁경부암 예방 차 HPV 백신(가다실)을 맞고 일주일 뒤 몸 상태가 나빠졌습니다.

온몸이 나른하고 기억력이 떨어졌으며 현기증, 힘 빠짐, 졸음 등의 증상이 느닷없이 나타났습니다. 만성 피로 증후군 진료로 유명한 의료 기관을 몇 군데 다니며 다양한 치료를 받았으나 증상은 호전되지 않았고, 처음 증상이 나타나고 4개월 뒤에는 걸을 수조차 없어 휠체어를 타게 되었습니다.

1년 동안 학교를 쉬던 G 양이 지푸라기라도 잡는 심정으로 어머니가 밀어주시는 휠체어를 타고 제 병원을 찾은 것은 증상이 나타난 지 9개월이 지난 2022년 5월이었습니다. 이미 다른 이비인후과에서 만성 코인두염을 발견하고 EAT를 열 번 이상 받았지만, 여전히 EAT를 할 때마다 피가 상당히 많이 나왔습니다.

병원에서 멀리 떨어진 지역에 살고 있던 G 양은 한 달에 한 번 꼴로 병원 근처 호텔에 숙박하면서 월요일부터 토요일까지 6일 연속으로 매일 EAT를 받기로 했습니다.

처음 병원을 찾은 5월에는 혼자 일어서기는커녕 누워서 다리를 들어 올릴 수조차 없었지만, **6월에는 혼자 힘으로 일어섰고 7월에는 지팡이를 짚고 걸었으며 8월에는 지팡이 없이도 걸을 수 있게 되었습니다.**

단기간에 집중적으로 EAT를 받으면서 몸이 눈에 띄게 좋아졌고 경사가 없는 길이라면 아무렇지 않게 걸을 수 있었지만, G 양이 학교에 다시 나가려면 반드시 넘어야 하는 벽이 있었습니다. 바로 교실까지 계단을 오르내릴 수 있어야 했던 것이지요.

어혈을 제거하는 괄사 마사지를 받고 코로나 후유증이 호전된 사례를 주의 깊게 봤던 저는, 계단 오르내리기라는 벽을 넘어야 했던 G 양도 호전되기를 기대하며 괄사 마사지를 권했습니다. 치료를 희망하는 G 양에게 만성 피로 증후군 환자를 대상으로 괄사 마사지를 하는 조 소노코 선생님의 JS 괄사를 추천했습니다.

며칠 뒤 **괄사 마사지를 받고 바로 다리가 눈에 띄게 회복되어 집 근처 계단을 가뿐하게 올라가는 G 양**의 모습이 담긴 동영상을 메일로 받았습니다. 이후 괄사 마사지의 반동으로 몸이 나빠지면서(크래시) 다시 걸음이 불편해지기도 했지만, EAT를 받으면서 회복되었습니다. EAT와 괄사 마사지를 병행했을 때의 치료 효과를 보여주는 사례였습니다.

체위성 기립 빈맥 증후군(POTS)과 코로나 후유증이 완치되었어요

● 28세 남성, 회사원 H 씨

H 씨는 2021년 8월 초 코로나19에 걸려 폐렴 증상이 나타나, 일주일 동안 입원하면서 항체 칵테일 치료를 받았습니다. 치료를 받고 기침은 사라졌지만, 퇴원하고 집에서 요양하는 동안 두근거림, 호흡 곤란, 가슴 통증, 탈모, 우울감, 브레인 포그 등을 느꼈습니다. 이때 H 씨를 가장 괴롭힌 증상은 일어섰을 때 1분가량 이어지는 두근거림과 현기증이었습니다.

종합병원에서 체위성 기립 빈맥 증후군(Postural orthostatic tachycardia syndrome, POTS)이라는 진단을 받고 처방받은 약을 먹었는데도 증상은 낫지 않았고, 출근할 수 없는 상태가 계속되자 견딜 수 없어진 H 씨는 인터넷을 검색한 끝에 9월 말 제 병원을 찾았습니다.

첫 진료 당시 앉아서 잰 맥박은 분당 70회였으나 의자에서 일어나자 맥박이 분당 100회로 높아졌고, 현기증 때문에 일어서 있을 수 없었습니다.

H 씨는 심각한 만성 코인두염이 발견되었고 일주일에 한 번씩 EAT를 받기로 했습니다. 첫 번째에는 뚜렷한 개선이 없었지만, **세 번째 EAT 이후 우울감, 두통, 브레인 포그가 사라졌고, 다섯 번째 에는 호흡 곤란이 치료되었습니다.** POTS 증상이 사라지기까지는 EAT를 열두 번이나 받아야 했지만, **열두 번째 EAT가 끝난 시점에 서는 모든 증상이 사라졌고, H 씨는 2022년 1월 직장에 복귀할 수 있 었습니다.**

기립성 조절 장애, 두통, 복통 때문에 학교에 못 나갔는데 지망 고등학교에 붙었어요

● 14세 남성, 중학생 I 군

I 군은 초등학생 때부터 만성 비염 때문에 이비인후과를 다니고 있었습니다. 중학교 3학년 4월부터 아침에 일어나지 못하는 날이 늘어났고, 두통과 복통 때문에 학교도 곧잘 쉬었습니다. 비교적 상태가 좋은 날에는 힘내서 학교에 간 적도 있지만, 몇 번인가 일어서 있다가 실신한 뒤로 6월부터는 학교에 전혀 나가지 못했습니다.

소아청소년과에서 기립성 조절 장애 진단을 받고 혈관을 수축시켜 혈압을 올리는 미도드린을 복용해 봐도 증상은 나아지지 않았고, 소아청소년과에서는 정신건강의학과를 안내했습니다.

정신건강의학과의 담당 의사는 만성 코인두염과 자율신경 장애의 연관성을 알고 있었고, I 군이 어려서부터 코가 안 좋았기에 11월 말 제 병원을 소개해주었습니다.

진찰해 보니 I 군 역시 만성 코인두염이 심각해서 일주일에 한 번씩 EAT를 받기 시작했습니다. **5회 EAT를 한 시점에서 두통과 복통은 없어졌지만**, 아직 어지럼증은 남아 있었습니다.

열 번째 EAT를 받은 이듬해 2월 2일에는 사립 고등학교 입학시험이 있었는데, 입시 당일에도 기립성 어지럼증 때문에 집을 나설 수 없었던 I 군은 안타깝게도 시험을 치지 못했습니다.

하지만 I 군은 꺾이지 않고 빈도를 늘려 EAT를 받았고, **총 17회의 EAT를 받은 시점에 기립성 어지럼증이 사라졌으며**, 3월 4일에는 공립 고등학교 입시를 무사히 칠 수 있었습니다. 시험이 끝나고도 I 군은 EAT를 두 번 더 받았고, 3월 16일 지망 고등학교에 합격했다는 소식을 받으면서 EAT도 마무리되었습니다.

우울, 나른함, 불안 증세가 많이 없어지고 긍정적으로 변했어요

● **66세 여성, J 씨**

J 씨는 2년 전부터 우울증과 공황 장애로 시내의 정신건강의학과 의원에 다녔습니다. 우울증이 생긴 뒤로 목이 따끔거리는가 하면 등이 찌릿찌릿하면서 전기가 흐르는 듯한 통증을 느꼈으며, 호흡 곤란으로 숨이 얕게 쉬어졌습니다. 또 목 결림, 나른함, 피로, 두근거림, 혀 통증, 식욕부진, 수면 장애 등의 증상으로 고통스러워했습니다.

정신건강의학과에서 처방받은 항불안제와 정형외과에서 처방받은 진통제를 먹으면 며칠은 아픔 없이 일상을 보낼 수 있었습니다. 몇 달 전부터 불안과 전신 증상이 심해졌을 무렵 책을 읽다가 EAT를 알게 된 J 씨가 제 병원을 찾았습니다.

이미 책을 통해 EAT가 아프다는 사실을 알고 있었기에 코와 입으로 EAT를 진행했습니다. 그런데 전형적인 만성 코인두염 증상을 보였는데도 EAT를 했을 때 출혈이 심하지 않고 통증도 가벼웠습니다. 치료 직후에는 J 씨가 기대하던 만큼 증상이 극적으로 호전되지 않았지만, 미주신경 자극에 따른 효과를 목적으로 일주일에 한 번씩 EAT를 받기로 했습니다.

7회 차 치료에서 출혈이 멈추었으며, 이쯤부터 **몸이 서서히 좋아지기 시작했습니다.** 그 후로도 J 씨의 희망대로 일주일에 한 번씩 EAT를 진행했습니다. 치료를 받으며 어느 정도 차도를 보였지만, 1년이 지난 시점에도 여전히 증상은 70% 정도까지밖에 호전되지 않았습니다. 나른함과 등의 위화감이 좀처럼 사라지지 않았지요.

그래서 요코야마 다이스케 선생님에게 두침 치료를 병행해 받았습니다. 침 치료를 받고 증상이 눈에 띄게 좋아진 날도 있었고, 오히려 나빠진 날도 있었습니다. 하지만 **침 치료와 EAT를 병행하면서 제자리걸음만 하던 증상들이 서서히 낫고 있다고 느낀 J 씨는 식욕과 함께 밝은 표정을 되찾았습니다.**

나오며

● 저자가 겪은 안타까운 사례

49세의 독신 여성인 K 씨. 23세일 때 IgA 콩팥병에 걸렸는데, IgA 콩팥병의 근본적인 치료법이지만 당시에는 보편적이지 않았던 편도 적출과 스테로이드 펄스 병행 요법을 받아 사실상 완치되었습니다.

2021년 코로나 백신 2차 접종 후 K 씨는 나른함을 떨칠 수 없었습니다. 2022년에는 난소 양성 종양이 발견되어 난소를 적출했고, 이후 나른함이 더욱 심해졌습니다. 우울증 진단을 받고 정신건강의학과에서 항우울제를 비롯한 투약 치료를 받았으나 증상이 나아지지 않자 K 씨는 백신 후유증 때문일지도 모른다는 친구의 조언에 따라 제 병원을 찾았습니다.

진찰 결과 심각한 만성 코인두염이 발견되어 일주일에 한 번씩 EAT를 받기로 했습니다.

그리고 K 씨의 어머니로부터 K 씨가 세상을 떠났다는 연락을 받은 것은 세 번째 EAT를 받기로 했던 날로부터 이틀 전이었습니다.

제 전문 분야는 신장내과입니다. 그전까지 불치병인 줄 알았던 IgA 콩팥병의 근본적 치료법인 편도 적출과 스테로이드 펄스 요법을 1988년에 고안한 것도 저입니다.

IgA 콩팥병은 수십 년에 걸쳐 천천히 진행되는 질환으로, 당시에는 투석 치료를 받게 되는 주요 원인 질환 중 하나였습니다. IgA 콩팥병 초기에 편도 적출과 스테로이드 펄스 요법을 시행하면 거의 완치할 수 있다는 사실이 밝혀졌고, 그 덕에 전국의 수많은 IgA 콩팥병 환자가 언젠가는 투석 치료를 받아야 한다는 불안에서 벗어났습니다. K 씨 역시 병원에서 진찰을 받았을 당시 오줌에서 이상이 발견되지 않았고 콩팥 기능도 정상이었습니다. 편도 적출과 스테로이드 펄스 요법을 받고 26년이 지나도 콩팥에는 아무런 문제가 생기지 않았다고 해도 과언이 아닙니다.

K 씨의 부고를 받고 저는 이중으로 공허함에 휩싸였습니다. 첫 번째 이유는 그전까지 시행한 두 번의 EAT가 K 씨에게 도움이

되지 못했기 때문이었습니다.

그리고 다른 이유는 당시 20대였던 K 씨가 희망이 넘치는 밝은 미래를 맞이할 수 있도록 최선을 다해 IgA 콩팥병을 치료했다는 의의가 허무하게 사라지고 말았기 때문이었습니다.

만성 피로 증후군 환자는 빠르면 두 번째 EAT에, 늦어도 다섯 번째 EAT에는 치료 효과를 체감하고 표정이 밝아집니다. 그래서 저는 K 씨도 다음번쯤에는 상태가 좋아지겠구나 하고 낙관적으로 생각했는데, 그 예상이 무참하게 빗나간 것입니다.

책에서 소개한 EAT 외의 여러 방법을 처음부터 K 씨에게 적극적으로 도입했더라면 최악의 사태를 막을 수 있었을지도 모른다는 후회가 남습니다. K 씨가 우울증을 치료하기 위해 정신건강의학과도 다니고 있었다는 이유로 긍정적 사고를 실천할 수 있도록 돕는 정신적 케어를 못 해주지 않았나 하는 생각도 듭니다.

● 특효약이 없는 만큼 다양한 치료와 셀프 케어가 중요

뇌세포가 변성하거나 사멸하는 알츠하이머성 치매를 비롯한 뇌의 기질적 질환은 증상의 원인이 뚜렷합니다. 따라서 세포를 괴사시키는 원인을 제거하면 질환을 치료할 수 있습니다. 2023년에는 알츠하이머성 치매의 원인 물질인 아밀로이드 베타(β)를 뇌에서 제거하는 치료제가 미국 FDA의 승인을 받은 사례도 있습니다.

한편, 만성 피로 증후군의 원인 역시 뇌의 이상이지만, 신경세포가 변성 또는 괴사하는 기질적 질환이 아니라 신경세포는 정상이지만 제대로 작용하지 않는 기능적 질환입니다. 원인이 밝혀진 기질적 질환 중에는 과학의 발전 덕에 특효약이 등장한 질환도 있지만, 세포가 괴사하는 질환이 아닌 기능적 질환에는 특효약이 존재하지 않습니다. 즉, 만성 피로 증후군에 유효한 획기적인 치료제는 아직 전망이 불투명한 상황입니다.

지금까지 쌓아온 임상시험 실적과 최근 하나둘 밝혀지는 메커니즘을 통해 EAT가 만성 피로 증후군에 효과적이라고 자신 있게 말할 수 있지만, 안타깝게도 효과가 충분히 나타나지 않는 환자도 있기에 EAT에는 80%의 벽이 존재합니다.

만성 피로 증후군 증상의 호전을 위해서는 한 가지 치료에만 매달리는 대신 환자의 증상과 병세에 따라 다양한 치료를 시도해서 가능한 한 단기간에 큰 효과를 봐야 합니다.

EAT가 모든 환자에게 도입할 만한 치료라고 생각하지만, 이 책에서 소개한 여러 치료법과 셀프 케어 역시 환자의 상황에 따라 조기에 적극적으로 도입해야 합니다.

● 누구든 나을 수 있는 질환

모든 환자가 조기에 실천했으면 하는 방법이 또 하나 있습니다. 바로 제2장 끝에서 소개한 **긍정적 사고**입니다. 부정적으로 생각하는 습관이 있으면 만성 피로 증후군도 잘 낫지 않고, 자살이라는 최악의 사태로 이어질지도 모릅니다.

코로나 후유증, 백신 후유증을 비롯한 만성 피로 증후군의 증상이 생기는 원인은 주로 뇌와 미주신경의 기능적 이상입니다. 다시 말해 **당장 만성적인 피로와 나른함 때문에 힘들더라도 세포 기능이 회복되면 바로 낫는 질환입니다. 어떠한 원인으로 세포가 기능을 발휘하지 못할 뿐이니 포기하지 않고 방법을 찾는다면 틀림없이 완치할 수 있습니다.**

특히 앞에서 설명한 긍정적 사고만큼은 반복해서 읽으며 자연스럽게 실천해 보시길 바랍니다.

이 책이 만성 피로로 고민하는 모든 환자에게, 그리고 진솔한 마음으로 만성 피로 환자와 마주하는 의료 관계자들에게 도움이 되었으면 좋겠습니다.

마지막으로 만성 코인두염 개념이 자리 잡는 데 조금이나마 도움이 된, 2018년 간행된 『つらい不調が続いたら慢性上咽頭炎を治しなさい(푹 쉬어도 피곤하다면 만성 코인두염을 치료하라)』에 이어 이번 책의 출판을 위해 수고해 주신 주식회사 아사슛판의 다가이 고키 사장님께 감사의 인사를 전합니다.

홋타 오사무

참고문헌

1. Imai K, et al. Viruses (2022). https://doi.org/10.3390/v14050907

2. Nishi K, et al. Cureus (2023). https://doi.org/10.7759/cureus.33421

3. 申偉秀, 他. 日本臨床（2021）79:983-994

4. Davis HE, et al. Nat Rev Microbiol (2023). https://doi.org/10.1038/s41579-022-00846-2

5. Lladós G et al. Clin Microbiol Infect (2023). https://doi.org/10.1016/j.cmi.2023.11.007

6. Wong AC, et al. Cell (2023). https://doi.org/10.1016/j.cell.2023.09.013

7. Olsen KL, et al. Front Hum Neurosci (2023). https://doi.org/10.3389/fnhum.2023.1152064

8. Badran BW, et al. https://doi.org/10.1186/s42234-022-00094-y

9. Letsinger AC, et al. Scientific Reports (2023). https://doi.org/10.1038/s41598-023-29118-6

10. Fontes-Dantas FL, et al. Cell Rep (2023). https://doi.org/10.1016/j.celrep.2023.112189

11. Krumholz HM, et al. medRxiv [Preprint] (2023). https://doi.org/10.1101/2023.11.09.23298266

12. Hotta O, et al. Immunol Res (2017). https://doi.org/10.1007/s12026-016-8859-x

13. 堀田修, 他. 口咽科 (2018). 31:69-75

14. Nishi K, et al. Int J Mol Sci (2022). https://doi.org/10.3390/ijms23169205

15. Yoon JH, et al. Nature (2024). https://doi.org/10.1038/s41586-023-06899-4

16. Nakatomi Y, et al. J Nucl Med (2014). https://doi.org/10.2967/jnumed.113.131045

17. Wakatsuki K, et al. J Neuroinflammation (2024). https://doi.org/10.1186/s12974-024-03018-6

18. Kwong KK, et al. J Vis Exp (2009). https://doi.org/10.3791/1385

19. Berkovitz S, et al. Int J Vitam Nutr Res (2009). https://doi.org/10.1024/0300-9831.79.4.250

20. Sakurada K.et al. J Epidemiol (2020). https://doi.org/10.2188/jea.JE20180249

참고서적

堀口申作『堀口申作のBスポット療法』（新潮社）

長田裕『自分でできるチクチク療法』（三和書籍）

加藤直哉, 他『山元式新頭鍼療法の実践』（三和書籍）

近藤一博『疲労とは何か すべてはウイルスが知っていた』（講談社）

安藤正之『原因不明の体の不調は「舌ストレス」だった』（かざひの出版）

ユージェル・アイデミール『なぜ≪塩と水≫だけであらゆる病気が癒え、若返るのか！？』（ヒカルランド）

リチャード・ガーバー『バイブレーショナル・メディスン』（日本教文社）

堀田修『つらい不調が続いたら慢性上咽頭炎を治しなさい』（あさ出版）

堀田修『自律神経を整えたいなら上咽頭を鍛えなさい』（世界文化社）

堀田修『ウイルスを寄せつけない！痛くない鼻うがい』（KADOKAWA）

만성피로를 치료하는 책

발행일 2025년 3월 3일 초판 1쇄 발행
지은이 홋타 오사무
옮긴이 정한뉘
발행인 강학경
발행처 시그마북스
마케팅 정제용
에디터 최윤정, 최연정, 양수진
디자인 김문배, 강경희, 정민애

등록번호 제10-965호
주소 서울특별시 영등포구 양평로 22길 21 선유도코오롱디지털타워 A402호
전자우편 sigmabooks@spress.co.kr
홈페이지 http://www.sigmabooks.co.kr
전화 (02) 2062-5288~9
팩시밀리 (02) 323-4197
ISBN 979-11-6862-330-9 (03510)

MANSEIHIRO WO NAOSUHON ITSUMADEMOKIENAI
TSURAITSUKARE · DARUSANOSHOTAI
by Osamu Hotta
Illustration by Nakamitsu Design

* 시그마북스는 ㈜시그마프레스의 단행본 브랜드입니다.